TUJIE SHUCAI YUMIAO
YIBENTONG

图解
蔬菜育苗
一本通

曹玲玲　主编

中国农业出版社
农村读物出版社
北京

本书编委会

主　　编　曹玲玲

副 主 编　张文娜　芦天罡　田雅楠　曹彩红

参编人员 （姓氏笔画顺序）

王　伟　王利娜　闫　哲　苏　铁　李云龙

李胜男　李雪姣　杨世丽　宋立彦　张　莹

张松阳　张敬锁　张辉鑫　张筱京　尚巧霞

赵恩勇　祝　宁　聂　青　徐　娜　商　磊

雍明丽　潘晓慧

蔬菜生产是农业的重要组成部分，是保障民生的重要产业，可促进种植业结构调整、增加农民收入、带动城乡居民就业。育苗技术是蔬菜生产的重要技术环节，俗语说"苗好五成收"，健壮的秧苗是后期产量的保障，也是减少病虫害的基础。

本书以图文并茂的形式介绍了育苗准备、管理、贮运、常见病虫害防治等流程，对茄果类、瓜果类、叶菜类、花椰菜、芦笋、洋葱等常见蔬菜作物育苗的关键技术进行了详细阐述；并概述了育苗智能化管理的前沿技术及发展趋势。可以帮助读者更好地了解蔬菜育苗产业，掌握育苗基本技术，为产业的进一步发展提供思路。

需要特别说明的是，本书中所用农药、化肥施用浓度和使用量，会因蔬菜种类和品种、生长时期以及产地生态环境条件的差异而有一定的变化，故仅供读者参考。建议读者在实际应用前，仔细参阅所购产品的使用说明书，或咨询当地农业技术服务部门，做到科学合理用药用肥。

本书在编写过程中，由北京市农业技术推广站技术人员结合多年蔬菜育苗技术工作经验进行统筹，得到了中国农业大学、北京农学院、北京市数字农业农村促进中心、北京市植物保护站、密云区农业技术推广站、昌平区农业技术推广站以及河北省多家单位的大力支持，参考借鉴了一些技术资料和文献。由于科技发展迅速、编者水平有限，不足之处在所难免，请专家和读者批评指正！

编　者

2023年1月

目录

01 | 第一部分
蔬菜育苗技术发展沿革

▍一、新中国成立之前我国的蔬菜育苗技术

蔬菜是百姓餐桌上必不可少的食品，提供了人体所必需的多种维生素及矿物质等营养物质。早在远古时期，居住在今北京地区的北京猿人就已采食野生蔬菜，包括菊科、豆科、藜科和蓼科等野生植物。我国蔬菜种植历史至少有 3 000 年以上。

蔬菜育苗的历史相较蔬菜种植稍晚一些，《齐民要术》中记载了当时播种催芽的方法，还记载了茄子留种育苗移栽的方法，茄子喜湿，在生理苗龄 4 ~ 5 片叶时适合移栽定植，要在雨后移栽或者移栽前浇透水，移栽后要进行遮光管理。

我国设施栽培的发展也带动了育苗技术的发展，元代著名农学家鲁明善在《农桑衣食撮要》中所说的"用低棚盖之，待长茂，带土移栽"种植瓜茄类蔬菜的方法，可以理解为在风障或蒲席覆盖的阳畦等保护栽培设施中进行育苗，然后再带"土坨"移栽定植。

在长期的蔬菜栽培历史中，为了更好地满足统治阶级的要求和百姓的生活，蔬菜生产技术逐渐向延长供应时间、反季节生产等方向发展，菜农逐步向排开播种、育苗移栽、适时定植等方向努力，随着我国元、明、清三代蔬菜生产的发展，育苗技术也有相应提高，更好地利用了风障、阳畦、火炕、"暖洞子"（温室）、半地下式的"土温室"（纸糊窗格、以火烘之）等设施，在相对寒冷的季节正常育苗、生产蔬菜。在光绪三十四年（1908），清廷引进了欧美样式的玻璃防寒设施，修建玻璃温室，开启了我国利用现代保护设施开展蔬菜栽培的序幕。20 世纪 30 年代开始，一面坡

日光温室逐渐在我国辽宁、北京等地出现。

二、新中国成立之后至20世纪80年代我国的蔬菜育苗技术

1949年中华人民共和国成立以后，日光温室在我国北方各地被大量推广，并且各地都在结构上进行了改善。由于市场冬春季对果菜类蔬菜需求量增加，20世纪60年代以后，生产上的应用开始转向加温温室；伴随塑料薄膜的应用，逐渐发展为以塑料薄膜为材料的日光温室。与此同时，我国温室产业还停留在发展缓慢、规模较小、水平较低的状态。从20世纪80年代开始，由于煤炭等能源被大量开采，出现能源危机时，节能日光温室被国家再次重视起来，日光温室的发展步伐也因此加快，大量的专家学者开始对日光温室展开全面而深入的研究。科技工作者对日光温室的相关研究工作集中在采光角、墙体、下挖深度、跨度等几个方面，逐步推出了"鞍Ⅱ型""辽沈Ⅰ型"以及"西北型"等多种不同结构的日光温室。此时的蔬菜育苗方法主要以营养土方、杯钵育苗为主，在早春提早加温，主要供应以塑料薄膜为材料的竹木大棚、钢架大棚及日光温室的蔬菜生产，可以使北京的设施蔬菜生产提前到2月初，有效延长了种植时间，提高了产量。

三、20世纪80年代之后现代集约化育苗技术发展情况

20世纪80年代，以北京市农林科学院蔬菜研究所陈殿奎和北京市农业技术推广站李耀华为技术主要负责人，引进了美国、欧洲共同体的成套育苗装备，建设了北京市丰台区花乡育苗场、海淀区四季青育苗场和朝阳区育苗场，引领了北京近郊区的蔬菜育苗向现代化发展。

1997年10月，北京市彻底放开了大白菜种植面积和收购价格，

郊区蔬菜产销完全转向市场经济。1998年，在北京市大兴区建设了第一个日光温室，专门用于蔬菜育苗。2008年，北京市大兴区国平蔬菜专业合作社建立，以专业化培育蔬菜秧苗为主体，是北京市个体经营最早的现代集约化育苗场之一。同年建立的大兴礼贤建平育苗场，主要以生产嫁接茄子秧苗为主，也开展番茄、黄瓜等作物幼苗嫁接，拥有自己的嫁接队伍，能为其他育苗场提供嫁接服务，是北京市第一家专业化嫁接队伍。2009年11月建立的旭日育苗场，是北京市发展规模最快的专业育苗场。大兴区这3家集约化育苗厂，建立在新的育苗生产经营体制基础之上，有着强大的发展动力，为之后北京市的集约化育苗再发展起到了很好的引领作用。

一、设施选择与建造

种苗的生产从播种开始，在催芽室进行催芽，随后在育苗温室培养生长，再进行炼苗、出圃、包装，到运输结束，需要的配套设施有播种间、催芽室、育苗温室和控制室，其中育苗温室是最主要的设施。育苗设施的选择应因地制宜，考虑本地气候条件。冬季较为温暖的南方地区应考虑搭建塑料大棚，冬季较为寒冷的北方地区应考虑搭建日光温室，北方地区的玻璃温室则要考虑加温成本问题。相比栽培用温室，育苗温室对环境条件要求更高，在已有设施情况下应选择设施维护状况较好、设施内部环境条件更为均一、环境监测与调控系统更加完备的温室。

（一）塑料薄膜小拱棚

塑料薄膜小拱棚简称小拱棚，是一种结构简易、搭建轻便的设施，其可用于早春园艺作物的育苗。其直接热源为太阳能，因其空间小，缓冲力差，缺乏环境控制设备，棚内日气温变化剧烈，极易受天气变化影响，因此育苗生产实践中常见在塑料大棚或者日光温室内部搭建，使小拱棚内条件相对稳定。小拱棚搭建快速，造价低，适合普通农户，以及种苗需求较少、主要以内部供应种苗为主的蔬菜生产基地。

小拱棚常用轻型材料搭建，如竹竿、毛竹片、荆条等有一定韧性的竹木材质，或者由塑料拱架、直径5～12毫米玻璃纤维棒、直径6～8毫米的轻便钢材搭建而成。小拱棚一般间隔50厘米设立1个拱架，两侧埋入土中20～30厘米，拱棚高度为0.5～1.0

米，宽度由畦宽决定，通常1.5 ～ 2.0米，棚全长为10 ～ 20米（图2-1，图2-2）。

图2-1　小拱棚实景　　　　图2-2　温室内套建小拱棚

（二）塑料薄膜大棚

在我国，通常不用砖石结构围护，只以竹、木、水泥或钢材等作为骨架，在表面覆盖塑料薄膜的拱形或屋脊形保护设施，称为塑料薄膜大棚，简称塑料大棚。按照建筑材料的不同，通常分为竹木结构大棚、拉筋吊柱大棚、无柱钢架大棚及装配式镀锌薄壁钢管大棚。

1.竹木结构大棚　竹木结构大棚也分为立柱型和悬梁吊柱型两种结构，以竹子、木材为建筑材料，外层覆盖塑料薄膜，适用于黄淮海以南地区，南北延长，东西朝向。立柱型竹木结构大棚，棚内立柱遮阴较多，还不利于机械作业。吊柱型竹木结构大棚，减少了一部分的立柱，改善了棚内光环境，并且保持了较强的抗风雪荷载力，造价较低，通常用于冬春季和夏季育苗（图2-3）。

图2-3　立柱型竹木结构大棚

大棚跨度为12 ～ 14米，长40 ～ 60米，拱杆间距1.0 ～ 1.1米，高2.4～2.6米，生产面积多为0.5～1.0亩*。由立柱（竹、木）、拱杆、拉杆、吊柱（悬柱）、棚膜、压杆（或压膜线和地锚）等构成。

2. 钢架结构大棚 钢架结构大棚的拱架通常用钢筋或者钢管焊接而成，建筑坚固耐用，中间无立柱或有少量立柱，但用钢材较多，成本较高，一次性投资大。按照拱架结构常分为单梁拱架、双梁拱架和三角形拱架。钢架结构大棚一般宽10～12米，高2.5～3.0米，长50～60米，生产面积为1亩。立柱型大棚的立柱通常为钢筋混凝土结构，间隔2.5～3.0米设置。无柱钢架大棚拱架分为上下弦两部分，中间用钢筋做"拉花"连接形成桁架结构，并在下弦配有4～5道纵向拉杆，拱架多用直径12～16毫米圆钢或金属管材。大棚外可设置草帘，用于冬季夜晚保温，内部可设置遮阳网，用于夏季正午遮光降温。由于无支柱，此类大棚透光性好，方便机械作业。钢材和桁架结构使其强度大、刚性好、抗风雪能力强，耐用年限可达10年以上（图2-4）。

图2-4 无柱钢架大棚

3. 装配式镀锌薄壁钢管大棚 装配式镀锌薄壁钢管大棚跨度6～8米，高2.5～3.0米，长30～50米。使用薄壁钢管制成，内部镀锌。用卡具和套管连接组装，覆盖薄膜在卡槽内以弹性钢丝固定。此大棚为国家定型产品，规格统一，组装拆卸方便，并且棚内无立柱，透光较好，方便机械化作业，两侧通常配有卷帘，常见于南方地区（图2-5，图2-6）。

4. 光伏大棚 在光伏电板下种植蔬菜，是近年来在农业领域新的探索，该"一地两用"的举措不仅能大大提高土地利用率，还为保

---

*亩为非法定计量单位，1亩=1/15公顷，下同。——编者注

障淡季蔬菜的供应有效助力。光伏大棚排水顺畅、水土不易流失，且补光灯使棚内光照度大幅提升，具备了蔬菜育苗及栽培的功能，具有防雨、防晒、防台风、防虫等作用，常见于海南等沿海地区（图2-7，图2-8）。

图2-5　浙江嘉兴地区装配式钢管大棚

图2-6　钢管结构大棚

图2-7　光伏育苗大棚

图2-8　光伏育苗场景

（三）日光温室

日光温室为我国特有的保护设施，适用于北方地区园艺作物的育苗和生产。通常坐北朝南，东西延伸。塑料薄膜覆盖单屋面，向南采光，北墙体通常为砖墙、土墙，具有保温蓄热功能，从而充分利用光热资源，基本不用加温就可达到冬季生产喜温蔬菜瓜果和花卉的目的。

日光温室由后墙、后坡、前屋面和两山墙组成，合理的设计参数和建造材质决定了日光温室的采光和保温性能，通常归纳为五度、四比、三材。五度分别为角度（屋面角、后屋面仰角和方位角），高度 [矢高（从地面到脊顶最高处的高度）和后墙高度]，跨度（后墙内侧到前屋面南底角的距离），长度（东西山墙间距离），厚度（后墙、后坡和草苫的厚度）。四比为前后坡比（前坡和后坡垂直投影宽度的比例）、高跨比（日光温室高度和跨度的比例）、保温比（日光温室贮热面积与放热面积的比例）和遮阳比（指在建造多栋温室或在高大建筑物北侧建造时，前面地物对建造温室的遮阳影响）。三材为建筑材料、透光材料及保温材料。我国幅员辽阔，各地气候、光照、经纬度均不一致。通过几十年的发展和完善，各地均因地制宜设计出符合当地条件的温室，因此建造温室前应充分考察本地气候和本地常见温室种类（图2-9到图2-14）。

图2-9 大型育苗日光温室　　图2-10 北京市农业技术推广站小汤山展示基地育苗日光温室

图2-11 北京首农山庄基地育苗
日光温室前屋面

图2-12 北京顺沿特种蔬菜基地育苗
日光温室太阳能保温后墙

图2-13 育苗日光温室内部

图2-14 育苗日光温室前屋面

(四) 连栋温室

连栋温室根据覆盖材料通常分为塑料连栋温室和玻璃连栋温室2种,根据屋面数量分为双屋面、三屋面和多屋面。其较常见于欧洲地区,在我国分布相对较少。连栋温室适用广泛,内部环境调控设施完备,具有人工补光、补充二氧化碳、暖气加温、风机湿帘制冷、自动灌溉的设备,使设施内的生产能较少受到自然气候影响,并且内部高度自动化、机械化、智能化。现代化的连栋温室能够全天候进行园艺作物种苗培育和生产,是种苗工厂化生产首选的温室类型。然而其一次性投资大,日常运行成本高,生产中需要较高水平的生产技术和高素质的工作人员才能盈利。目前在我国,此类温室通常用于科技产业示范园区,用于现代设施农业的示范和推广。

现代温室按屋面特点主要分为屋脊形连接屋面温室和拱圆形连接屋面温室两类。屋脊形连接屋面温室主要以玻璃为透明覆盖材料，其代表为荷兰的芬洛型温室，这种温室大多数分布在欧洲，以荷兰分布面积最大。拱圆形连接屋面温室主要以塑料薄膜为透明覆盖材料，这种温室在法国、以色列、美国、西班牙、韩国等国家广泛应用。我国目前自行设计建造的现代温室也为屋脊形连接屋面温室和拱圆形连接屋面温室两种类型。部分温室内、外构造见图2-15到图2-21。

图2-15 拱圆形塑料薄膜连栋育苗温室内结构

图2-16 拱圆形塑料薄膜连栋育苗温室外结构

图2-17 浙江嘉兴地区塑料薄膜连栋育苗温室

图2-18 北京首农山庄基地玻璃连栋育苗温室外结构

图2-19 北京首农山庄基地玻璃连栋育苗温室内结构

图2-20 玻璃连栋育苗温室

图2-21 深液流育苗的玻璃连栋温室

（五）植物工厂

植物工厂是20世纪80年代新兴的一种现代设施农业技术。植物以无土栽培的形式，部分或完全借助人工光源，层层堆叠种植在封闭或者半封闭的室内，配有自动灌溉和内部环境因子监控系统。植物工厂的出现使人们真正做到了不依靠外界环境条件而实现全年生产的愿望。植物工厂中，层叠的种植模式、相对均一稳定的环境和精确环境调控技术，使其适合育苗及种植较矮小的芽苗菜和叶菜（图2-22，图2-23）。然而植物工厂投资和运行成本极高，需要借助完善的作物生长预测模型和高素质人才的管理，还要结合人工成本和市场需求选择合理的种植作物，平衡投入与产出才能确保盈利。

图2-22 植物工厂内部

图2-23 植物工厂内部生产

二、催芽室的设计与建造

（一）催芽室的设计

要想育好苗、壮苗，催芽环节尤为重要，催芽可以有效提高种子的发芽率，减少播种量，节约种子，使种子出苗整齐，利于后续管理。催芽一般在专门的催芽室进行。催芽室的设计要满足种子发芽所需的必要条件，还要满足生产需求。催芽室越大，产量越高，但是室内环境控制难度也越高。目前，催芽室的设计和建造没有严格的规定，一般根据生产所需的种苗数量来设计大小。催芽室通常建造在温室内或者温室操作间内，要求密闭性及保温隔热性均好，可以调控内部环境参数，包括温度、湿度、氧气及光照等。

工厂化育苗的过程中，通常采用穴盘育苗，催芽室室内空间的设计通常由摆放穴盘的移动式发芽架（穴盘转移车）大小决定。目前国内市面上穴盘大小通常为长540～545毫米，宽280毫米，高30～50毫米，发芽架的层数不宜超过10层，每层之间要有足够的高度确保空气流通（图2-24）。根据育苗所需穴盘数量计算催芽室的空间。催芽室内还应预留出人工通道，通常为60厘米宽。催芽床和墙壁之间要预留空间，以便空气流通，通常预留25厘米。

为方便不同种类、批次的种子催芽，催芽室的设计可考虑为小单元的多室配

图2-24 催芽室内部

置，每个单元以20米^{2}为宜，一般应设置三套以上。催芽室中苗盘采用垂直多层码放，因而高度应该在4米以上。催芽室设计的技术指标：温度和相对湿度可控制及调节，相对湿度75%～90%，温度20～35℃，气流均匀度95%以上。

（二）催芽室的建造

催芽室多用密闭性、保温隔热性能良好的材料建造，常用材料为岩棉夹芯彩钢板或者增强纤维复合板，不同保温隔热材料性能见表2-1。

表 2-1　保温隔热材料性能

材料名称	导热系数 λ [瓦／(米²·开)]	性能特点
矿物棉、岩棉、玻璃棉	0.047	防火性能好、吸湿性强
聚苯乙烯	0.042	吸水率低、防火性能稍差
聚氨酯	0.033	防水防潮性能较好
膨胀珍珠岩及其制品	0.062	蓄热能力强、吸水率高
硅酸钙绝热制品（硅钙板）	0.048	热稳定性能好、防火性能好、强度高、耐水

主要配备有加温系统、加湿系统、风机、新风回风系统、补光系统以及微电脑自动控制器等；由铝合金散流器、调节阀、送风管、加湿段、加热段、风机段、混合段、回风口、控制箱等组成。

催芽室通常建设在温室或者厂房内部，其无室外气候相关的荷载。地面需要防水，通常使用混凝土地面，要设置一定角度和排水口，方便排水。还要配置通风孔，以满足通风时室内进风的要求。屋顶和墙体采用同样的保温隔热材料，不需要设置坡度。催芽室的门应采用标准冷藏库门，保证密封性和隔热性（图2-25，图2-26）。

三、配套机械选择

（一）不同育苗系统

蔬菜的育苗作业过程包括种子的播前处理、播种、移植、浇

图2-25 北京市农业技术推广站小汤山展示基地智能催芽室内部　　图2-26 北京市农业技术推广站小汤山展示基地智能催芽室外部

水、施肥、施药及环境条件的调节等管理。蔬菜的育苗方式包括穴盘育苗、嫁接育苗和组培育苗等。

1.穴盘育苗　穴盘育苗是指以草炭、蛭石等为基质，以不同孔穴的穴盘为容器，用精量播种生产线自动装基质、播种、覆盖、镇压、浇水，然后放在催芽室和温室等设施内进行培育，一次成苗的现代化育苗方式。精量播种生产线中使用的机械主要分为以下设备。

（1）**基质自动装盘机**　自动准确地将复合基质装填到苗盘各孔穴中，并将多余基质自动返回加料斗中（图2-27）。

（2）**旋转压穴轮**　在装填完基质的苗盘各孔穴内基质表面适当加压，以使表面平整，并在各孔穴内中心压出合适深度的小孔，以备播种（图2-28）。

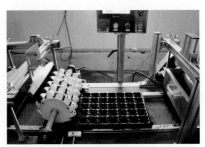

图2-27　基质自动装盘机　　　　　图2-28　旋转压穴轮

（3）**精量播种机** 精量播种机的播种器根据携种方式的不同可以分为气力式、机械式及磁吸式，其中机械式携种易对种子产生损伤且效率低，多用于手动或半自动播种器械，气力式携种方式在精量播种机上较为常用。

气力式播种器通用性好，对种子适应性较强，不要求严格分级；其按作用原理可分为气吸式、气压式和气吹式等，其中气吸式排种器一般可分为针吸式和滚筒式（图2-29，图2-30）。

图2-29 针吸式播种机　　　　图2-30 滚筒式播种流水线

（4）**基质覆盖机** 在播种结束的穴盘上面均匀覆盖一定厚度的基质，厚度以穴盘的网格清晰可见为宜（图2-31）。

（5）**自动洒水机** 在苗盘各孔穴内均匀喷洒适量水分（图2-32）。

图2-31 覆土机械与流水线　　　　图2-32 滚筒播种机的自动洒水装置

（6）自动化播种流水线　传统人工播种以每天工作8小时计算，人工播种速度约为6 700粒/（人·天），人工基质装拌速度为150盘/（人·天）。通过统计得出，50孔、72孔和128孔穴盘的壮苗率分别为10.78％、12.27％和14.60％。随着穴盘孔数的增加，穴盘中的壮苗率逐渐增大。使用自动化播种流水线播种可以大大提高播种速度。以72孔穴盘为例，不同播种方式的播种速度见表2-2。

表2-2　不同播种方式播种速度比较

	人工播种	针吸式播种流水线	滚筒式播种流水线
每小时播种数量（盘）	11.6	200～350	500～800

由表2-2可以看出，自动化播种流水线播种速度是人工播种速度的17倍以上，可以大大提高工作效率，节省播种时间，适合大规模播种单一品种。因此，调整好播种机的各项参数是提高播种效率的前提。

育苗场在熟练工人操作情况下，15个工人1天的最大工作量是播种5万粒黄瓜种子，其中需要8人播种，4人填装穴盘，3人浇水。超过5万粒种子的播种在1天内很难完成，不在1天内播种就会产生秧苗不整齐、管理难度加大等问题。而滚筒式自动化播种流水线播种5万粒黄瓜种子只需要3个工人，4个小时内就可以完成，再加上机器调试、装运穴盘等时间，可以在1个工作日内轻松完成。

因此，当单个品种播种量大于5万粒时，可以采用自动化播种流水线（图2-33，图2-34）播种，既可以节省人工，又可以提高播种速度和播种质量。

（7）种子丸粒化设备　种子丸粒化是利用有利于种子萌发的药品、肥料以及对种子无副作用的辅助填料，经过充分搅拌之后，均匀地包裹在种子表面，使种子成为规则的圆球形，便于精量播种，且有利于种子吸水、萌发及提高抗性（图2-35）。丸粒化的原

图2-33 滚筒式播种流水线

图2-34 气吸式精量播种流水线

料组成包括营养元素、生长调节剂、化学药剂、吸水性材料、黏合剂、硅藻、蛭石粉、滑石粉、膨胀土和炉渣灰等。

（8）穴盘清洗系统 可以实现分盘、推进、清洗、干燥和码垛操作，自带高压喷枪，可将残留物彻底清洗，适合任何型号穴盘的清洗。清洗系统包括穴盘喂入、穴盘清洗、穴盘消毒和清洗污水过滤循环等作业环节（图2-36）。

图2-35 种子丸粒化处理系统

图2-36 穴盘清洗系统

2. 嫁接育苗 嫁接育苗是指将一个植物的芽或枝接到另一植物的适当部位，使两者结合为一个新的植物体的技术，其中用到的芽或枝称为接穗，另一植物体称为砧木。嫁接育苗可以综合两株植物的优势，一般通过选择砧木提高接穗的抗逆性，通过选择接穗提高幼苗品质等。

机械化嫁接所需要解决的重要问题是胚轴或茎的切断、砧木生长点的去除和砧穗的把持固定。平、斜面对接嫁接方法是适合用机械进行嫁接的方法。嫁接机的主要组成部分为嫁接机械、夹子供应装置和空气压缩机（图2-37，图2-38）。

图2-37　半自动嫁接机

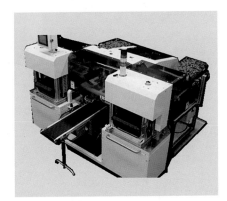

图2-38　自动嫁接机

3.组培育苗　植物组培育苗是一项能获得大量同源母本基因幼苗的生物技术，具有其他育苗方法无法比拟的优点。运用工程技术措施能够实现以较低的成本大量生产生长一致、发育正常、少病毒和驯化期短的组培苗（图2-39），组培所需要的设备主要有高压灭菌锅、超净工作台、电子天平和电子秤等（图2-40）。

图2-39　组培育苗

图2-40　高压灭菌锅和超净工作台

（二）管理控制系统

蔬菜种苗正常的生长发育过程需要一定的光照、温度、空气、湿度等。栽培者必须了解温室环境条件的特点和种苗对环境条件的要求，以使各种环境条件协调一致，适宜种苗的生长，这需要各种环境监测系统（图2-41）。

图2-41　环境监测系统

1.光环境调节系统　光对植物生长具有多方面的影响，这种影响主要是通过光质、光强和光周期来实现。高温季节为减少光照和降低光照过强引起的高温，需要遮光（图2-42）。冬季在光照不足的情况下进行蔬菜育苗时，可以通过补光来加强幼苗的光合作用（图2-43）。

图2-42　连栋温室内遮光　　　　图2-43　温室内补光

2.灌溉系统　在现有的集约化育苗场中，主要有4种灌溉方式，分别是吊臂式移动喷灌、自走式苗床喷灌车、花洒喷头喷灌、漂浮育苗（图2-44到图2-47）。移动式喷灌设备一次性投入高，主要用于大型连栋温室及建造标准较高的温室，移动洒水车的应用也具有一定的局限性，主要是因为大多数育苗温室内路面没有硬化，宽度不够等。

在现有条件下，育苗场使用水管接一个花洒喷头，以此作为主要的灌溉方式，具有简单、易操作、成本低等优点，建议使用质量较好、水流均匀、可以调节压力的优质喷头进行育苗生产的浇水操作，可以避免浇水不均匀、水流对秧苗造成冲击伤害等问题。

自走式苗床喷灌车在苗床上通过遥控自行灌溉，具有省时、省工、成本低的特点，在集约化育苗生产中具有很大优势，同时喷灌车可以结合不同规格的苗床调整框架结构，还可以根据秧苗

图2-44　吊臂式移动喷灌　　　　图2-45　自走式苗床喷灌车

大小和数量调整喷水量，是集约化育苗技术中比较实用的灌溉技术，同时结合水肥一体化，在灌溉的同时进行施肥。

图2-46　花洒喷头喷灌

图2-47　漂浮育苗

3.**升温系统**　为了防止冬季低温不利于育苗或者对幼苗造成伤害，温室通常配备加温设备。在加温的同时，需要做好保温措施。加温的方式主要包括水暖加温、电热器加温、电热线加温等（图2-48到图2-51）。采用水暖加热对温室进行加温，首先通过电

图2-48　电加温锅炉

图2-49　苗床加热（注入热水循环加热）

图2-50　热水储存罐

图2-51　"三通阀"式水温调配管道

力或天然气燃烧将水加热，热水储存在储存罐中，随后根据目标温度，调配热水和冷水的比例，最终调配好的水经由管道输送到温室中，管道散热，以实现对温室的加热。

热风传导系统（图2-52）为把水加热后，通过散热片把热风送入风道，风道设置若干出风口，加热棚室空气，以达到增温的作用。

4.降温系统 为保证高温季节幼苗的正常生长发育，温室需要配备降温系统。常见的

图2-52 热风传导系统

降温设备为遮阳网（图2-53）和通风系统（图2-54）。通过在设施外或者设施内的顶部安装遮阳网，可以减少太阳光的入射，从而降低温室内气温。生产中通常应用的是黑色和银灰色的遮阳网。强制通风指通过风机（图2-55）、喷水机或者湿帘风机系统，利用水分蒸发降低设施内的温度。

图2-53 遮阳网

图2-54 通风系统

图2-55 循环风扇强制通风

除通风和遮阳外，还可以利用温室顶部的高压喷雾喷头（图2-56）喷洒细小的水雾，通过雾滴的蒸发达到降温的目的。

图2-56　高压喷雾喷头

5.**二氧化碳补充系统**　空气中二氧化碳占大气总体积的0.03%～0.04%，一般都不能满足植物光合作用的需要，尤其是在育苗设施内通风不足的情况下，植物经常会处于二氧化碳"饥饿"状态，因此很有必要在温室内进行二氧化碳的补充。二氧化碳气体生成的方法有很多，包括化学分解法、空气分离法、碳氢化合物燃烧法等。

如采用碳氢化合物燃烧法产生二氧化碳，可在产生二氧化碳气体的同时将燃烧热储存，用于后续的温室加热。这种产生二氧化碳的方法需要配备燃烧室、二氧化碳收集装置（图2-57）、气体冷凝装置、鼓风机以及运输管道（图2-58）。但需要注意的是，燃烧可能会产生过量一氧化碳，所以使用前应先进行一氧化碳含量的检测。

图2-57　二氧化碳发生与收集装置

图2-58　二氧化碳的冷凝及鼓风装置

（三）基质处理装备

1.**基质消毒机**　根据工作原理的不同，基质消毒可分为物理消毒和化学消毒。物理消毒包括热风消毒、微波消毒、太阳能消毒和高温蒸汽消毒等。化学消毒指使用化学药剂进行消毒，如臭氧消毒（图2-59）。

2.**基质混拌机** 基质混拌机（图2-60）实现复合基质的混合搅拌，使各基质成分混合均匀，并且带有自动加湿器，可自动调控供水量和混合时间。基质混拌机的基本功能为可连续、均匀地混合各种基质、化肥和农药等物料。

图2-59　臭氧杀菌消毒机　　　　　图2-60　基质搅拌机

（四）育苗辅助设备

育苗中还需要使用的设备有种苗周转车（图2-61）、运输设备（图2-62）、可移动苗床（图2-63）等。

图2-61　种苗周转车　　　　　图2-62　苗床运输车

在蔬菜育苗中使用苗床育苗逐步成为生产的趋势。使用育苗床架育苗具有明显的优势：第一，可以隔离育苗基质和原有栽培土壤，避免土传病害的传播；第二，育苗穴盘与地面分开，避免秧苗根系下扎至土壤，在取苗时造成伤根；第三，可以提高育苗基质的温度，使秧苗根部位于温室的中部，达到比较

图2-63　可移动苗床

高的温度水平；第四，温室内使用移动苗床可以充分利用温室内的空间，提高温室的生产面积；第五，苗床比较平整，有利于秧苗的水肥管理水平一致。

如果没有统一的苗床，可使用其他简便经济的方法搭建简易苗床，如竹片、青红砖等，把秧苗与土地隔开，同样可以达到避免土传病害的效果（图2-64）。

图2-64　苗盘简易隔离土壤措施
A.用竹片隔离土壤　B.用砖块隔离土壤　C.用混凝土柱隔离土壤

四、投入品选择

（一）育苗投入品

1.育苗容器 育苗容器的种类繁多，根据功能大致可分为穴盘、平盘、营养钵、营养土方和纸袋等。

（1）穴盘 育苗中使用的穴盘按照材料可分为聚苯泡沫穴盘和塑料穴盘。目前蔬菜工厂化育苗的穴盘尺寸基本为54厘米×28厘米。常用的穴盘孔数为50孔、72孔、128孔、200孔和288孔。孔穴的形状多样，有圆形、方形、六边形、八边形等。育苗时穴盘的选择要考虑蔬菜种类和苗龄长短（图2-65）。

（2）平盘 平盘内无孔穴，底部有很多小孔，可以透气透水。使用时只需要把营养土或者基质装入盘中抹平表面，即可进行播种和分苗（图2-66）。

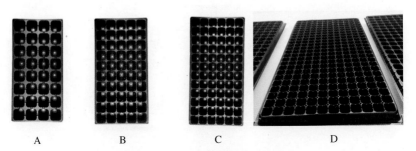

A   B   C   D

图2-65 不同规格的穴盘
A.32孔穴盘 B.50孔穴盘 C.72孔穴盘 D.288孔穴盘

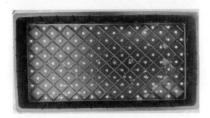

图2-66 平盘

（3）营养钵 营养钵的种类很多，大多为聚乙烯塑料。营养钵底部有1个或3个孔，用于排水通气。常见的营养钵的钵口直径为6~10厘米。营养钵的最大优点是护根效果好，可以使用多年（图2-67）。

图2-67 不同规格营养钵

2.基质 育苗基质能保水保肥，为蔬菜幼苗提供一个好的环境。育苗基质包括有机材料、无机材料和微生物制剂，按照比例调配。常见的育苗基质包括岩棉、蛭石（图2-68）、草炭（图2-69）、炉灰渣、棉籽壳、锯木屑、珍珠岩等。不同育苗基质的性能和效果不同，在育苗时应根据不同的育苗目标选择不同的配比方案。如岩棉育苗基质透气性好，保水保肥的效果好，但成本较高；蛭石育苗基质的成本较低，但保水保肥的能力较差，且酸碱性易随环境变化。

图2-68 蛭 石

图2-69 草 炭

基质使用前，可混入适量百菌清、多菌灵等广谱药剂（图2-70，图2-71），防止部分病害发生。

图2-70　配制药剂

图2-71　基质中混入药剂

（二）肥料

施肥时要考虑3个因素，即养分的有效性、养分的平衡性和养分对作物生长的影响。目前在基质育苗中应用的施肥方法大致有3种：基质中加肥、苗期喷肥、基质中加肥和苗期追肥结合。基质中添加的肥料分为化肥和有机肥，有机肥营养全面，但肥效慢；化肥肥效快，但对添加量要求严格，易发生淋洗。

施用较多的化肥品种为尿素、磷酸二铵、硫酸钾等速效肥，育苗专用的三元复合肥，以及脲甲醛和腐殖酸缓释肥。

（三）农药

育苗中的农药投入品可分为杀虫剂和杀菌剂。常用的杀虫剂有吡虫啉、噻虫嗪、多杀霉素等，常用的杀菌剂有百菌清、霜霉威盐酸盐、代森锰锌、甲霜灵等。在施用农药时，应注意用药的间隔期，确保种苗的安全。

（四）病虫害防控投入品

蔬菜的育苗防控管理应遵循预防为主、合理干预、综合防治和防大于治的原则。常用的防控投入品包括生石灰、诱虫板（图2-72和图2-73）、诱捕器、防虫网、杀虫灯（图2-74）等。此外，在日常的管理中，还可以通过调节通风、湿度和温度，达到病害防控的目的。

图2-72 粘虫板

图2-73 温室悬挂粘虫板

图2-74 频振式杀虫灯

五、种子处理

（一）种子消毒处理

种子是植物进行繁殖的重要载体，也是病害传播的重要途径之一。种子携带病原菌不仅会影响种子出苗、幼苗生长，还会引起苗期和田间病害发生，所以种子带菌与否决定幼苗质量高低。种子消毒处理是消除种子病原菌、预防苗木病害发生的有效方法，是育苗过程至关重要的环节。种子消毒处理方式根据处理类型主要分为物理方式和化学方式，物理方式主要有热处理等，化学方式主要有药剂处理等（图2-75）。

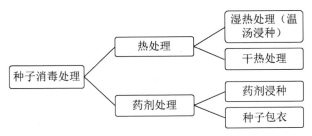

图2-75 种子消毒处理

1.热处理

（1）湿热处理 也称为温汤浸种（图2-76到图2-78），是用5～6倍种子体积的水（50～55℃）杀灭种子表面及内部潜藏病原菌的方法，有一定激发种子活力、促进发芽作用。该方法利用了植物材料与病原菌耐热性的差异，选择合适的处理温度和时间杀死种子表面和内部病原菌，一般使用温汤浸种机。浸种时不断搅拌，并随时补给热水保持55℃ 10～30分钟，水温逐渐下降直至室温（20～25℃），并继续浸种。针对不同蔬菜种子，用55℃水浸种时间不同，如南瓜10分钟、西瓜30分钟。有研究发现温汤浸种对黄瓜细菌性斑点病、番茄溃疡病、甘蓝黑斑病等均有较好的防治效果。

图2-76 温汤浸种机　　图2-77 南瓜种子温汤浸种　　图2-78 西瓜种子温汤浸种

　　（2）干热处理　　将干燥的种子放在烘箱或者干热处理机（图2-79）中处理一定时间以杀死多种种传病毒、细菌和真菌病原菌，但对种子活力无影响。目前主要用于有高附加值的蔬菜种子上。一般选取贮存2年以内、含水量在5%以下的种子，采用阶梯式处理逐步将温度先升高后降低，在干热处理机中进行。具体操作是首先在35℃的温度下处理24小时，接下来将温度升高至50℃处理24小时，最后再升温至65～75℃处理72小时。处理完成后，控制温度逐渐下降，首先将温度下降至50℃处理24小时，再将温度下降至35℃处理24小时，这种阶梯式的先升高后降低温度处理可以较好地维持种子活力。但需要注意的是，在处理前要将种子含水量控制在5%以下，否则会对种子活力造成影响；另外干热处理完的种子不宜贮存。已有大量的研究证明干热处理对黄瓜绿斑驳花叶病、瓜类细菌性果斑病、白菜黑腐病、西瓜枯萎病、黄瓜蔓枯病和炭疽病等均有较好的防治作用。

图2-79 种子干热处理机

2.药剂处理 通过化学药剂浸泡或者包衣等方式处理种子，以杀死种子携带的病原菌或者抑制病原菌活性，确保种子正常健康萌发；另外，药剂处理也可以起到提高种子活力、促进种苗生长的作用。该方法具有时间短、见效快的优点，目前应用范围越来越广。

（1）**药剂浸种** 药剂浸种（图2-80，图2-81）是用一定浓度的药剂浸种一定时间，通过药剂与种子的直接接触以及种子对药剂的吸收杀死种子表面与内部的病原菌。浸泡种子常用的无机药剂有氯化钙、磷酸二氢钾、氯化钾、过氧化氢、硫酸铜、高锰酸钾等，杀菌剂有福美双、多菌灵、代森锌、克菌丹、甲霜灵等，先浸泡，然后多次冲洗，无药液残留后才能进行催芽或播种。

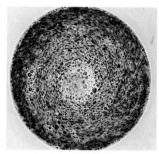

图2-80 药剂浸泡种子　　图2-81 少量种子在药剂浸泡
　　　　　　　　　　　　　　　　　　后多次冲洗

(2) **种子包衣** 是将含有农药、肥料、生长调节剂等有效成分的种衣剂（通常为悬浮液）按一定比例、均匀有效地包裹到种子表面的处理技术（图2-82至图2-85）。种衣剂是一种可成膜的复合化学药剂，其成分主要包括活性成分和非活性成分。活性成分是种衣剂中起直接作用的有效成分，活性成分主要包括杀虫剂、杀菌剂、植物生长调节剂、微肥等；非活性成分是指成膜剂、稳定剂和乳化剂等用来保持种衣剂理化性能的成分。包衣中还会添加鲜艳的色浆作为警戒色。

图2-82 种子包衣处理后晾干

图2-83 不同包衣处理的南瓜种子

图2-84 未经丸粒化的生菜种子

图2-85 丸粒化后的生菜种子

种子包衣的作用原理为：种衣剂以膜状形式紧紧包于种子表面，播种后种衣剂吸水膨胀，可透气但不溶解，保护种子免受土壤病虫害的侵染。随着种子发芽生长，药效、肥效等缓缓释放，在保护植株地下部的同时促进根部生长，还可以通过植株内吸传输到地上部，防治气传病害，促进植株生长。

（二）种子检测

1.种子消毒效果检测 植物种传病害是通过种子携带并传播病原菌的一类植物病害，播前对种子进行消毒处理可以降低种传病害的发生。种传病害包括真菌性、细菌性和病毒性3种类型，可根据不同的病害类型对种子的消毒效果进行检测，检测方法主要有3种：一是分子技术检测，可用于病毒性、细菌性及真菌性病害检测；二是培养基培养法（图2-86），可用于细菌性和真菌性病害检测；三是生长检测（图2-87），3种病害均可用该方法检测，但是比较耗时。

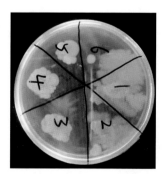

图2-86 培养基培养检测黄瓜细菌性角斑病

图2-87 黄瓜细菌性角斑病生长检测

2.种子质量检测 种子质量检测内容包括种子生活力、种子含水量、种子饱满度、种子发芽力等。

种子生活力测定：种子生活力是指种子的发芽潜力或种胚具有的生命力，用具有生命力的种子数占试验样品种子总数的百分比表示。常用四唑染色法、靛蓝染色法、碘 - 碘化钾染色法来检测，根据种胚（和胚乳）的染色反应来判断种子生活力。

种子含水量测定：指种子所含水分重量与种子重量的百分比。

$$种子含水量 = \frac{干燥前供检种子重量 - 干燥后供检种子重量}{干燥前供检种子重量} \times 100\%$$

种子饱满度测定：常用 1 000 粒种子的重量（克）表示，称为种子的千粒重或绝对重量。

种子发芽力测定：种子发芽力是指种子在适宜的条件下发芽并长成正常植株的能力，通常用发芽势和发芽率表示。

发芽势是反映种子发芽速度和发芽整齐度的指标，指在规定时间内，供试种子中发芽种子的百分数，发芽势高说明种子萌发快，萌芽整齐。

$$种子发芽势 = \frac{规定时间内发芽种子粒数}{供试种子粒数} \times 100\%$$

发芽率是指正常发芽的种子占供检种子总数的百分比（图2-88）。

$$种子发芽率 = \frac{发芽种子粒数}{供试种子粒数} \times 100\%$$

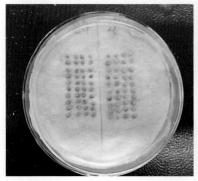

图2-88 发芽率检测

出苗率测定：发芽势与发芽率是实验室内检测种子发芽多少和发芽快慢的重要指标，而实际生产中使用出苗率来表示种子出苗的多少和出苗的快慢（图2-89，图2-90）。双子叶植物的出苗率统计时间为子叶平展期，单子叶植物的出苗率统计时间为第一片真叶突破芽鞘。

$$出苗率 = \frac{出苗后幼苗数量}{播种种子数量} \times 100\%$$

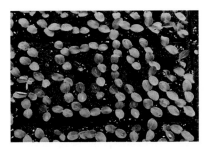 

图2-89　出苗不整齐的幼苗　　　　　图2-90　出苗整齐的幼苗

六、棚室消毒

每年7—8月是蔬菜夏秋季育苗的关键时期，做好棚室消毒工作是培育优质壮苗的关键因素之一。首先，做好消毒前准备，对棚室内外的植株残体、病根、杂草、杂物等进行彻底清洁，覆盖棚膜，在出入口和风口处安装好防虫网；其次，选择适宜的消毒方法。目前，育苗棚室消毒方法常用高温闷棚和化学药剂消毒。

（一）高温闷棚

选择光照充足的高温天气，关闭风口，形成棚室密闭环境，以保证温度迅速升高，夏季晴天闷棚，棚内温度最高可达70℃。为保证消毒效果，高温闷棚需持续15天以上，可杀灭温室内的病原菌、虫卵和杂草，达到消毒目的。

（二）化学药剂消毒

需要选择广谱性杀菌剂和杀虫剂，采用烟雾施药法或喷雾施药法进行温室消毒。用化学药剂消毒时，操作人员需要穿戴好防护服、防毒面具、手套等保护装备，施药后迅速离开。化学药剂消毒法也可与高温闷棚法结合使用，可提高温室消毒效果。

1.烟雾施药法（图2-91） 杀菌剂可选用10％腐霉·百菌清烟剂或15％腐霉·百菌清烟剂；杀虫剂可选择20％异丙威烟剂或12％哒螨·异丙威烟剂。用药时要注意烟剂有效成分，确定用药量，根据温室大小均匀放置若干放烟点，杀虫剂和杀菌剂可同时放在放烟点位，由里向外逐个点燃。用药后需要密闭闷棚24小时以上，以达到消毒效果，不受天气情况影响。

2.喷雾施药法（图2-92） 杀菌剂可选择75％百菌清可湿性粉剂500倍液、50％多菌灵可湿性粉剂500倍液；杀虫剂可选择1.8％阿维菌素1 000～1 500倍液、10％吡虫啉可湿性粉剂1 000～1 500倍液。可采用常温烟雾施药机等器械在苗棚内均匀喷施，保证温室后屋面、棚架、棚膜、苗床均喷施药剂，然后密闭熏蒸24小时后即可打开。

图2-91　烟雾施药法

图2-92　喷雾施药法

消毒闷棚后，在有防虫网的保护下及时开启风口通风，把棚内用药产生的有害气体全部排放到棚外，充分通风，当温室内没有药剂气味时，人员方可进入进行农事操作。

03 | 第三部分
茄果类、瓜果类蔬菜育苗技术

| 一、番茄育苗技术

番茄在生产中所用的育苗方式与设备多种多样，具有明显的地域性。根据育苗方式分为露地育苗、冷床育苗（阳畦育苗）、温床育苗、塑料棚育苗以及温室育苗等。根据育苗技术分为常规育苗和嫁接育苗等，这两种方式在生产中应用最为广泛。

（一）常规育苗

1.种子处理

（1）浸种 浸种的方法很多，番茄主要采取温汤浸种和药液浸种。

温汤浸种：将种子盛在纱布袋中，置于50～55℃的热水中，不断搅拌种子20～30分钟，随后让水温逐渐下降或转入25～30℃的温水中继续浸泡4～8小时，除去秕籽和杂质，洗净附于种皮上的黏质，待种子风干后播种。

药液浸种：应有针对性地为预防某种病害而选取相应的药剂。如果是防治番茄早疫病，先用温清水浸种3～4小时，再浸入甲醛100倍液中，20分钟后捞出并密闭2～3小时；或用1%高锰酸钾、10%磷酸钠、2%氢氧化钠、1%硫酸铜等药剂的水溶液浸20分钟取出，用清水冲洗干净再催芽或播种。

（2）催芽 催芽分为播前催芽和播后催芽，可按照种子量的多少选择催芽箱、恒温催芽箱和其他简易催芽器具等进行催芽（图3-1）。播前催芽即催完芽再播种。在催芽过程中，关键是控制温度，其次是调节湿度和进行换气。番茄种子催芽的温度为

25 ~ 28℃，在此范围内，关键是调节湿度和进行换气。为保证充足氧气和适宜水分，应每隔6小时左右翻动1次，并根据干湿程度补充一些水分，必要时可进行冲洗，以清除种子表面黏质。在这样的催芽条件下，番茄种子经2 ~ 3天，70%的种子露白时即可播种（图3-2）。

图3-1　种子催芽箱

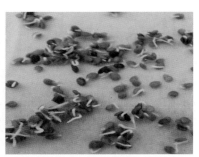
图3-2　萌发后的可以播种的种子

　　播后催芽是指播种后将播种盘放在适宜环境催芽。生产中一般在播种覆土后，覆盖保温材料统一催芽，如果使用自动播种流水线播种，应将苗盘摆放在催芽车上，统一置于催芽室内催芽，或者在育苗温室内隔出一个小空间，创造合适的发芽环境，进行棚内催芽（图3-3到图3-5）。

图3-3　覆盖保温膜催芽

图3-4 催芽室催芽

图3-5 棚内催芽

2.温度管理 将穴盘置于苗床上，盖一层地膜保湿，当种芽伸出时，及时揭去地膜。也可将穴盘错开垂直码放在发芽室中，覆盖一层白色地膜保湿，并经常向地面洒水增加空气湿度。催芽时间随温度而不同，一般白天保持25～30℃，夜晚保持20～25℃，催芽需3～4天。夏秋育苗应去掉大棚围裙膜，采用棚顶盖遮阳网降温。冬春育苗采用地热线、暖风机等加温措施增温。

出苗期：从播种至子叶微展，约需3天。此期温度管理主要是为出苗快而整齐，重点是保温，白天温度控制在25～30℃，夜晚20℃左右。

破心期（图3-6）：从子叶微展至第一片真叶展出，约需4天。为了促进长根，且不形成高脚苗，主要采取"控"的措施，即温度、湿度两个因子一起控。在确保冬春秧苗不受冻的情况下，除了控水控肥外，还应注意控温，多见阳光，夏秋可采取遮盖苇帘或遮阳网降低地温、气温，白天20～25℃，夜晚12～16℃，拉大昼夜温差，温差宜在10℃左右，控制浇水，降低床土温度。此外，

图3-6 番茄幼苗破心期

发现植株有徒长迹象，应及时调控棚内温度，尤其要避免夜温过高，同时遇秧苗拥挤时应及时间苗。

旺盛生长期：幼苗长出2～4片真叶时进入旺盛生长期，也是花芽分化期。应采取促控结合的管理措施，控制适宜的温度，促进叶片发生和花芽分化同时进行，昼、夜气温分别为20～25℃、12～15℃，如果有徒长趋势，可短时间将夜晚温度降至8～10℃，时间不宜过长，一般3～4天。定植前7～10天降低温度进行炼苗，保护地温度与育苗的温度相当时，为了防止低温影响花芽分化，造成前三穗出现畸形果、裂果、空洞果等，可以不进行低温炼苗。春季番茄成苗（图3-7）一般5～6片叶，株高15～20厘米。

图3-7 番茄成苗

3.水肥管理 基质装盘前，每立方米育苗基质中再加入1.0～1.5千克复合肥，调节基质含水量至55%～60%，即用手紧握基质，有水印而不形成水滴，并堆置2～3小时使基质充分吸足水。将备好的基质装入穴盘中，用刮平板从穴盘的一端向另一端刮平，使每个孔穴内基质平满且清晰可见。在催芽期间，于每日上午、下午检查种子萌发程度。在胚根长至0.5厘米之前，停止催芽，并将穴盘移入苗床，进行低光照处理，避免徒长及根系与基质不紧密结合，影响种苗品质。

水量的平衡供应是重要的。通常育苗期间应保持基质湿润，以基质相对含水量70%～80%为宜。要根据基质湿度、天气情况和秧苗大小来确定浇水量。阴天和傍晚不宜浇水，更不宜等到秧苗萎蔫再浇水。

在秧苗生长初期，基质不宜过湿，秧苗子叶展平前尽量不浇水，子叶展平后供水量宜少，少量浇水和中量浇水交替进行，基质宜见干见湿；秧苗2叶1心后，中量浇水与大量浇水交替进行；需水量大时可以每天浇透；定植前7～10天控水促根，定植前1天浇透水，以利起苗。

在遵循以上浇水原则的前提下，高温季节浇水量加大，低温季节浇水量减小，浇水后要适当通风降低湿度。灌溉用水的温度宜在20℃左右，低温季节水温低时应当先将水储存到水池中，待水温达到室温后浇施，切忌凉水直接灌溉，每次浇水前应先将管道内温度过高或过低的水排放干净。

穴盘育苗宜用全溶性全营养肥料，每次浇水时施肥，肥料随水施入，宜在早上见光1～2小时进行。高温季节育苗时，肥料浓度宜低，自子叶展平开始施肥；低温季节育苗时，肥料浓度宜提高。此外，在番茄长出3片真叶后，叶面喷施适量0.1%～0.2%磷酸二氢钾溶液＋0.2%尿素溶液，或者使用0.3%～0.5%育苗专用复合肥料。

4.炼苗与出圃管理问题

（1）戴帽出土问题 "戴帽苗"是指种子出苗时没有将种壳留在土内，而是种壳夹着子叶一起出土的现象。这种现象降低了叶片光合效率，影响幼苗生长。一般原因是种子成熟度不够、生命力低；另外贮藏过久、种壳变硬或受病虫等危害，种子的生命力也会降低，出土时无力脱壳，从而发生戴帽现象；播种后覆土或覆基质太薄太轻，压力太小，也会使幼苗戴帽出土；此外，灌水不及时，导致表土过干，抑制出苗。针对戴帽苗，可选用当年的饱满无损质量好的新种子或存放1～2年的陈种，播后覆土或覆基质厚度要适当，不宜太轻太薄，浇水要及时充足（图3-8）。

图3-8　戴帽苗

（2）出苗不齐问题 出苗不齐包括同一育苗架同一部位穴盘出苗不一致，同一育苗架不同部位穴盘出苗不一致等。种子成熟度不一致、新陈种子混杂、催芽不均等都会使发芽不齐。此外，育苗架不平或喷水不均匀，以及保

图3-9 出苗不齐

护地内各区域温度、湿度、光照不均也会导致出苗不齐（图3-9）。在播种前要精选种子，保证催芽整齐一致，做好育苗基质消毒灭菌工作，平整好苗架等；如果育苗室环境不一致，可以采用挪盘方式保证秧苗生长整齐。

（二）嫁接育苗

嫁接育苗是把要栽培蔬菜的幼苗、苗穗（即去根的蔬菜苗）或从成株上切下来的带芽枝段，接到另一野生或栽培植物（砧木）的适当部位上，使其产生愈合组织，形成一株新苗。

1.砧木要求 选择嫁接砧木时，一是要考虑砧木与接穗的亲和性，一般选择与接穗具有较高亲和力和共生亲和力的砧木，通常砧木与接穗亲缘关系越近，亲和力越强。二是选择高抗砧木，并且抗性稳定，应根据抗病，抗逆（低温、高温、高湿、盐碱）等特性，选用相应栽培季节和相应栽培形式的砧木，砧木的抗病和抗逆能力以及砧木本身对蔬菜品质具有重要的影响。三是选择能提高产量，不影响番茄果实风味品质的砧木，嫁接后不改变果实的形状、色泽、口感、风味，不出现畸形果等；此外，砧木也不应影响植株的生长势，不会造成植株徒长。

2.常用的砧木品种 目前茄果类嫁接栽培所用砧木主要是抗病野生番茄、野生茄子和其他茄科类植物，品种数量较少，主要砧木品种有以下几种。

（1）板砧2号 根系发达，对根结线虫免疫。叶色浓绿，长势极强，与番茄各栽培品种嫁接亲和性极好，嫁接后番茄综合抗性

强，可作为各茬口番茄栽培嫁接砧木。

（2）托鲁巴姆　属野生茄子类砧木品种。根系发达，对根结线虫、青枯病免疫。叶色浓绿，长势极强，与番茄各栽培品种嫁接亲和性极好，嫁接后综合抗性强，可作为各茬口番茄栽培嫁接砧木。

3.播种时间　嫁接育苗时间要比正常育苗时间提前 7～15 天，注意砧木的播种期应比接穗播种期适当提前，托鲁巴姆作砧木时需提前播种 20～30 天。

4.嫁接方法　嫁接前 1 天或当天对砧木苗和接穗苗喷 1 次 50% 多菌灵或 75% 百菌清等保护性杀菌剂，然后再进行嫁接，以防止嫁接后适温高湿条件下病害的发生。常用的嫁接方法有劈接、贴接等（图 3-10，图 3-11）。

图 3-10　番茄劈接嫁接流程

5.嫁接后管理

（1）温度管理　嫁接后 7～10 天，昼温 23～28℃，最好不要超过 30℃；夜温 18～20℃，最好低于 15℃。

（2）湿度管理　嫁接后前 3 天保持棚室湿度 90% 以上，同时不宜密封过严；4～6 天后适时通风，每天 1～2 次，清晨或傍晚均

图 3-11　番茄 C 形夹贴接嫁接流程

可，揭膜通风时间一般在 15～20 分钟，以叶片干爽为宜。通风时间要先少后多，防止苗床内长时间湿度过高造成烂苗，通风后嫁接苗以不萎蔫为宜。

（3）光照管理　嫁接后前 3 天可完全遮光或早晚光弱时见光，4～6 天嫁接愈合时棚四周见散射光，7～9 天仅中午遮光 2～3 小时，10 天后恢复正常光照管理。

（4）成活后管理　7～10 天后嫁接苗开始生长，转入正常管理阶段，及时摘除砧木的腋芽，拔除未成活苗和感染（病）苗。温度白天控制在 25～27℃，夜晚 15℃ 左右。育苗基质或土壤湿度以见干见湿为原则。当发现表土已干，中午秧苗有轻度萎蔫时，要选择晴天上午适量浇水，水量不宜过大。定植前5～7天，要加强通风，降低温度进行炼苗，当嫁接苗长出5～8片真叶时可以定植（图3-12）。

图3-12 定植前的番茄苗

二、茄子育苗技术

（一）品种选择

根据市场消费习惯和本地气候、土壤条件等，选择商品性好、抗病性强、产量高的品种。北京地区常用圆茄品种为硕源黑宝、京茄1号，常用长茄品种为布利塔、娜塔丽等。

（二）播种时间

在一般年份，春茬茄子育苗时间控制在75～85天。平原地区播种时间在12月下旬，定植期在3月下旬，山区适当延迟。秋茬茄子育苗时间缩短，一般在55～65天，可根据定植时间倒推安排育苗。

（三）种子处理

1.**浸种** 催芽前先将种子晾晒3～5小时，然后将种子置入55℃的热水中5～10分钟，降至常温后浸种8～10小时，或用50%多菌灵可湿性粉剂500倍液，在常温下浸30分钟，然后用清水连续洗几遍，直到无药味为止，沥干水分后浸种10～12小时；接穗种子晾晒3～5小时后倒入55℃热水中，水降至常温后浸种8～10小时。

2.**播种** 根据定植数量、出芽率等计算好所需要的穴盘数，装好盘后即可播种，一般每穴播种1粒，播种深度为0.5厘米，播后均匀覆盖一层蛭石，然后喷透水，以穴盘底部渗出水为宜。

3.**催芽**

（1）催芽室催芽 穴盘码放在育苗车上，变温催芽，白天温度控制在28～30℃，夜晚温度控制在23～25℃，并经常向地面洒水或喷雾增加空气湿度，等种子60%左右露白时挪出。

（2）**苗床催芽** 穴盘码放在育苗床架上或与土壤隔离的地面上，盘上覆盖白色地膜、微孔底膜或无纺布等材料保湿，白天温度控制在28～30℃，夜晚温度控制在23～25℃，若白天温度过高应及时通风，夜晚温度低时可使用地热线加温。当种子60%左右露白时，及时揭去地膜等覆盖物。

（四）水肥管理

出苗后即可喷水，以保持基质湿度适宜。高温天气多喷，阴雨天气应适当减少喷水次数及喷水量。子苗期适当控制水分，降低夜温，充分见光，防止徒长。采用干湿交替方法进行苗期水分管理，基质相对含水量一般控制在60%～80%。对于容易发生徒长的蔬菜幼苗，可采用控温、控湿、补光等措施控制徒长。

茄子幼苗子叶展平后，施用氮磷钾的育苗专用肥（19-19-19），施肥浓度为0.1%，隔5～7天喷施1次，随着苗龄增长，到2叶1心后适当增加浓度，在<0.5%范围内，可安全施用。肥料喷施时间避开中午高温，以防烧叶、烧苗。

（五）温湿度管理

出苗后白天温度控制在20～25℃，夜晚温度控制在18～20℃；在子叶已展开、第一片真叶吐尖时，可提高室温，白天温度控制在25～27℃，夜晚温度控制在16～18℃，地温控制在18～20℃，昼夜温差一般控制在5～10℃，促进真叶顺利生长，直到移植。基质相对湿度保持在60%～80%。成苗期逐渐降低基质湿度和空气温度。

（六）嫁接育苗

1.砧木品种选择 托鲁巴姆（图3-13）高抗黄萎病、枯萎病、青枯病和线虫病4种土传性病害。植株长势极强、根系发达，茎黄绿色、粗壮、节间长，叶片较大，茎及叶上有刺，该砧木适应多种栽培形式。

2.接穗品种选择 应符合市场商品性需求。越冬保护地栽培品种要求耐低温弱光、连续坐果能力强，抗病，耐贮运，货架期长，商品果率高。北京地区常使用品种有京茄1号、硕源黑宝（图3-14）。

图3-13 茄子砧木

A B

图3-14 茄子接穗
A.京茄1号 B.硕源黑宝

3.砧木种子处理 茄子砧木种子成熟后一般具有极强的休眠性，发芽困难，可以用100～200毫克/千克赤霉素，在20～30℃条件下浸泡24小时左右即可打破休眠。注意赤霉素的使用浓度不宜过高，否则容易造成出芽后的徒长；如果浓度过低，会影响处理结果。赤霉素处理的种子用清水充分清洗后即可进行催芽。可采用变温催芽，在15～20℃条件下催芽16小时，在30℃左右条件下催芽8小时，经8～10天基本出芽。

4.贴接法嫁接 砧木具有3～4片真叶，茎粗0.4～0.6厘米，苗龄40～45天；接穗具有2～3片真叶，茎粗0.3～0.5厘米，苗龄35～40天时，即可嫁接，嫁接时选择粗细一致的砧木和接穗，提高嫁接成活率，避免砧木和接穗不匹配（图3-15）。

嫁接前一天砧木、接穗都淋透水，同时叶面喷杀菌剂及杀虫剂。

在砧木2～3片真叶之间、长度到根基部大于5厘米，向上45°角斜切，切断。在接穗第1真叶下方，选择与砧木茎粗相近处，向下45°角斜切，切断。将砧木上部与接穗下部斜切口完全对齐贴紧，并用嫁接夹固定，嫁接完成（图3-16）。

图3-15　砧木和接穗规格不匹配

图3-16　嫁接茄子苗

5.嫁接苗的管理 嫁接后的苗床盖薄膜进行保湿，覆盖70%左右遮阳网（图3-17）进行遮光或者放在专业的嫁接愈合室（图3-18）管理。嫁接后前3天，保持95%以上的空气湿度，温度控制在20～30℃，白天不超过32℃，夜晚不低于20℃，温度过低时要加温，过高时要遮阴。3天后观察嫁接苗愈合情况，逐渐增加通风换气时间和换气量。1周后，当嫁接苗不再萎蔫，开始明显生长时控制湿度为50%～60%，温度白天保持在25～30℃，夜晚控制在12～15℃，加大温差，增加可见光照射时间，转为正常的肥水管理，防止徒长，培育壮苗。嫁接苗成活后及时摘除砧木侧芽，接口完全愈合后去掉嫁接夹。

6.炼苗　定植前3～5天在低温、通风、适度控水等条件下炼苗，但不可炼苗太狠，否则易损伤幼苗。至少炼苗7天。出售前喷施1遍杀菌剂、杀虫剂。

图3-17　遮阳网遮光　　　　　　图3-18　嫁接愈合室管理

三、辣椒育苗技术

（一）播前准备

1.穴盘消毒　用40%福尔马林100倍液浸泡苗盘20分钟左右，然后用废弃的农膜覆盖，密闭1周后揭开，用清水冲洗干净后即可使用。

2.配制基质　将草炭、珍珠岩、蛭石按照6∶3∶1的比例混合，每立方米基质中加入氮磷钾的三元复合肥（15-15-15）1.5～2.0千克，同时加入100克68%精甲霜灵·锰锌水分散粒剂和100毫升2.5%咯菌腈悬浮剂做杀菌处理。将基质充分搅拌，搅拌时加入适量水，使基质含水量为50%～60%，标准是手握成团，松开即散。用塑料薄膜覆盖基质48小时后即可使用。

3.种子处理　根据生产需要，辣椒育苗一般在2月中下旬或9

月下旬进行。

（1）**温汤浸种** 在一个洁净的容器中，倒入55℃左右的热水（2份开水兑1份凉水即可），将晒过的种子徐徐倒入，边倒边搅拌，用温度计测量水温，降至30℃时停止搅拌，然后浸泡4～6小时，捞出并用温水淘洗2～3次后控干水分（图3-19）。

图3-19 辣椒温汤浸种
A.加入热水 B.测量水温 C.搅拌浸泡 D.淘洗2～3次

（2）**药剂处理** 用10%的磷酸钠溶液浸种15～20分钟，然后用清水洗净后再用30℃的温水浸种5～6小时。实践证明，经过药剂处理（图3-20）的种子，种子所带病毒可得到明显的钝化，从而有效控制病毒病的发生。

C   D

图3-20　药剂处理
A.配制10%的磷酸钠溶液　B.浸泡　C.清洗　D.晾晒

（3）催芽　浸种后将种子控干水分，用洁净的纱布或毛巾包好，再将包好的种子放在25～30℃的地方进行催芽，催芽过程中每天要用温水淘洗1遍，待70%左右的种子出芽后温度降至20～25℃，待芽长至1毫米左右时即可播种。

（二）播种

一般选择连续晴天的上午或"阴尾晴头"的上午进行（图3-21）。人工或用穴盘基质装盘机将穴盘装填营养土，打1厘米深播种孔，将催芽后的种子播种于穴盘播种孔内，播后覆盖培养土1厘米，覆土不能过深或过浅，如过深则种子发芽困难，延缓出苗，出苗后苗较弱，过浅则容易"戴帽"出土，且补充水分时种子又极易外露。

带有包衣的种子可以采用干籽直播。播种前，先将种子在阳光下晾晒2天，这样可以提高发芽率，杀死种子表面携带的一些病菌。一般新种子育苗，可以1穴1粒种子。若担心需要补苗或者出苗不齐，可以在其中几个穴中播2粒。一般1个穴孔最多2颗苗，多了苗弱，长势差。旧种子1穴2粒种子的比例可以稍提高一些。干籽直播的播种方法与催芽后种子的播种方法相同。

播种完成后，将苗床浇足底水，然后将穴盘整齐地摆放在苗床内，再用喷雾器或温室内自动喷淋系统将穴盘喷湿喷透，喷淋标准是穴盘底部有水渗出。如是干籽直播，播后水分管理要更加精细，水分不能过多，防止水分过多种子沤烂。此时如果是寒冷季节，为保温保湿，可用地膜覆盖床面。

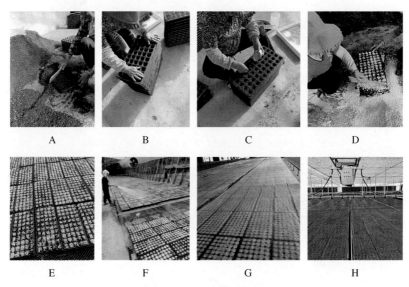

图3-21　人工播种流程
A.基质装盘　B.压穴　C.播种　D.覆盖珍珠岩　E.人工播种完成　F.人工浇水
G.移动苗床播种完成　H.自动灌溉

（三）播后管理

1.温度管理　70%的幼苗出土后，若已经覆盖地膜，要逐渐撤除地膜。为防止幼苗徒长，要逐步加大通风量，逐步降温。白天温度控制在20～25℃，夜温不低于15℃，最好保持有10℃左右的昼夜温差。当幼苗子叶展平，真叶显露时要进行分苗，将栽种2棵苗的穴盘中的苗移种到未发芽出土的穴盘和移除弱苗的穴盘中（图3-22），此时昼夜温度要适当提高2℃。分苗缓苗后再逐步放风降温，保持白天20～25℃，晚上不低于15℃。在通风时，要不断变换通风口的位置，避免在迎风处开通风口。

2.水肥管理　穴盘育苗及时补充水分很关键。在生产管理中要多观察苗床水分的变化，幼苗出土前，若床土过干，可选择晴天的上午用喷壶或喷雾器适当喷水（图3-23），但水量不能过大，阴天不能浇水。等苗出齐后，选择晴天的上午将苗床浇透水。幼苗2片真叶后，要掌握营养土干了就浇的原则，控温不控水，防止幼苗徒长。幼苗3片真叶后，视苗情每隔1周叶面喷施1次0.1%磷酸二氢钾和0.1%尿素混合液。若是在寒冷的冬季育苗，在幼苗3～4叶期可每隔7天喷施1次0.5%红糖水或0.5%氯化钙溶液，共喷2次，以增强幼苗的抗寒性。当第5片真叶展开，第6片真叶长到五角硬币大小，苗龄50天（图3-24）左右时即可定植，嫁接苗愈合完全后即可定植（图3-25）。

图3-22　移苗后整齐的穴盘苗

图3-23　水肥管理

图3-24　辣椒成苗

图3-25　辣椒嫁接苗

3.低温炼苗 定植前10天，进一步加大通风量，逐步降低温度，白天15～20℃，夜晚8～15℃，增强幼苗的抗逆性。低温炼苗要逐步进行，切不可一步到位。

四、西瓜育苗技术

西瓜育苗生产上多采用简便易行、成活率高的穴盘无土育苗技术，为解决连作障碍、土传病害和土壤次生盐渍化危害等问题，通过砧木嫁接，能够有效提高西瓜植株抗性和根系的吸收能力，提高西瓜抗枯萎病能力、耐低温能力，实现高产稳产，嫁接苗比例在优势产区已达到80%～90%，因此，西瓜嫁接育苗关键技术已成为设施瓜类化肥农药减施增效的主要措施之一。秧苗质量直接决定着定植后植株的长势乃至最终产量，因此，育苗技术是关键。

（一）育苗前准备

1.场地选择 西瓜育苗应选择在背风向阳，离栽培地较近或交通便利，地势平坦、排灌方便的场地建设施，水电齐全，并配备温控、补光灯或遮阳网、通风等设备。设施选用日光温室或塑料大棚或连栋大棚（图3-26，图3-27）。育苗前15～20天扣好大棚，提高棚温。

图3-26　日光温室

图3-27　连栋大棚

2.设施消毒 主要是对温室大棚骨架和辅助设施、育苗器具、生产用具等进行消毒。一般在播种前7天左右进行药剂熏蒸消毒，可用福尔马林溶液均匀喷洒或洗刷后密闭消毒；或用多菌灵30～50毫升兑水15千克喷雾消毒；或每亩设施用硫黄粉3～5千克、锯末适量，混匀后，分散点燃，密闭24小时，然后通风2～3天；也可把百

图3-28　50孔育苗穴盘

菌清、锯末混匀，分散点燃，密闭24小时，然后通风2～3天。

3. 育苗盘选择和消毒　一般选用50孔穴盘（图3-28）进行播种。新购置的穴盘，用自来水冲洗数遍，晒干即可使用。重复使用的穴盘，用肥皂水或清水洗净污垢；或将穴盘摆放在育苗床上，用多菌灵喷雾消毒；或用2%～5%季铵盐（2%次氯酸钠水溶液）浸泡2小时，或40%福尔马林100倍液浸泡苗盘15～20分钟，然后覆盖一层塑料薄膜，密闭7天后揭开；最后用洁净的自来水冲洗，晾干水分。

（二）育苗

1. 品种选择

（1）**西瓜接穗品种**　目前，随着品种种类的不断增加，可选择品种也在不断更新。在选择品种时，要根据不同茬口、不同地区消费习惯、不同销售市场，选择不同的栽培品种。冀中南地区可选择市场销售比较好的龙卷风、郑杂5号、甜王、西农8号、蜜童、黑蜜霸等。设施栽培要求耐低温、耐弱光、早熟、优质的品种，露地栽培选用高产、抗病、优质的品种。

①龙卷风（图3-29，图3-30）　中熟，高产优质抗病西瓜新品种，全生育期100天左右，坐瓜后30天左右成熟，植株根系强大，生长健壮，极易坐果。果实椭圆形，墨绿皮上镶嵌深黑色蛇形花纹，果肉大红色，肉质脆嫩多汁，中心含糖量高达13%，抗病性好，耐重茬能力强，单瓜重8～9千克，最大单瓜可达30千克，瓜皮薄而坚韧，耐储运，适合远途销售。全国大部分区域均适合露地栽培。

图3-29　龙卷风西瓜

图3-30　龙卷风西瓜切面

②蜜童（图3-31至图3-33）　植株长势旺，分枝力强。果实高圆形，条带清晰。果肉鲜红，纤维少，汁多味甜，质细爽口，中心含糖量为12.0%～12.5%，耐空心、不易裂果，无籽性好，皮厚0.8厘米，平均单瓜重2.5～3.0千克，每株可坐3～4个瓜，并且能多批采收。

图3-31　蜜童西瓜田间吊蔓生产

果实发育期25～30天，果实商品率达90%以上，亩产2 500～3 000千克。

图3-32　蜜童西瓜

图3-33　蜜童西瓜成熟后

③甜王系列（图3-34至图3-36） 甜王是近年来比较受欢迎的西瓜品种，糖度高，口感好，产量高，正宗的甜王是短椭圆形。现有市场上甜王品种比较杂乱，其中纯品甜王是最优秀、最原始的甜王品种，因其未经改良，所以糖度高，口味纯正，是各基地大面积种植品种，其又分为早熟品种与中熟品种，早熟品种从开花到成熟在28天左右，中熟品种30天左右。

图3-34 田间栽培未人工授粉的甜王　　　图3-35 人工授粉的甜王

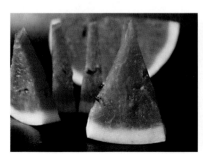 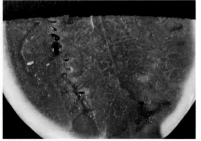

图3-36 甜王成熟后剖面

④郑杂5号（图3-37） 早熟杂交西瓜品种。植株生长势强，开花到成熟在29天左右，中心含糖量为11%左右，单瓜重6千克左右。该品种适应性广，建议亩保苗800～1 000株，适宜地膜栽培和小棚扣盖，开雌花后28～30天采收。北方地区适宜露地及保护地栽培。生长适宜温度为18～35℃，最佳生长温度为25～30℃，但是会受气候、土壤条件和栽培管理水平等因素影响而产

生差异。

⑤西农8号（图3-38，图3-39）　中晚熟西瓜品种，开花到果实成熟约36天，全生育期95天。商品种子皮褐色，千粒重87克，主蔓长2.8米，茎蔓粗壮。第7～8节出现第一雌花，以后每隔3～5节再出现雌花，坐果力强。果实椭圆形，浅绿色果皮覆有深绿色条

图3-37　郑杂5号西瓜

带，可食率60%。果皮厚1.1厘米，耐贮运。单瓜重一般为8千克左右，大者可达18千克以上。肉质细嫩，总含糖量为9.6%。一般每公顷产量6万千克，高产田块可达7.5万千克以上。

图3-38　西农8号西瓜

图3-39　西农8号西瓜剖面

⑥黑蜜霸（图3-40）　杨凌秦瑞农业开发有限公司培育的黑皮红瓤西瓜品种。植株长势强，易坐果，高抗西瓜枯萎病、炭疽病，耐旱耐湿，花后33～35天成熟，瓤色大红，中心含糖量为12%，单瓜重12～15千克，亩产6 000千克以上，皮薄，耐运。

图3-40　黑蜜霸西瓜

⑦京蜜西瓜（图3-41）　早熟一代杂种，植株生长势中等，主蔓第7节左右着生第一雌花，以后每隔5节现1朵雌花，易坐果，坐果整齐，全生育期约88天，果实生育期24～25天。果实圆形，果皮

图3-41　京蜜西瓜

绿色，上覆深绿色细齿条带，外形美观，果皮厚0.3～0.4厘米，果肉黄色，口感好，品质优良。中心含糖量12.5%左右。平均单瓜重1.5～2.0千克。

⑧特大新红宝（图3-42，图3-43）　迟熟，有籽西瓜品种，种子千粒重35～38克。春季生育期120天左右、夏播90天左右，从开花至果实成熟在38天左右，苗期长势强，田间种植表现抗炭疽病、蔓割病，耐湿耐热，耐肥水。第一雌花着生于主蔓第9节位，雌花间隔5节，果实椭圆形，果皮光滑、淡绿色，着青色网纹，果肉鲜红，质脆，不易空心，中心含糖量12%左右，单瓜重15千克左右，皮厚约1.3厘米，耐贮运。一般亩产3 000千克左右。

图3-42　特大新红宝

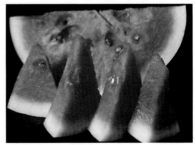

图3-43　特大新红宝西瓜剖面

⑨红小帅2号（又名特大早春红玉）（图3-44）　极早熟，低温弱光下坐果性好，连续坐果能力强。果实椭圆形，果形指数1.31，果皮绿色覆窄齿条，外观亮丽，单瓜重1.5千克以上，果皮厚度0.5厘米，商品性好。果肉鲜红，中心含糖量11.6%，中边糖差小，

多汁，纤维少，食味极佳。2010年先后通过北京市审定（京审瓜2010003）和国家鉴定（国品鉴瓜2010002）。适宜京郊早春日光温室及大棚栽培。

图3-44　红小帅2号

⑩超越梦想（图3-45）　当前北京市小型西瓜主流高档品种。早熟，极易坐果，连续坐果能力强，果皮韧性好。开花后约28天成熟。果形椭圆形，果形指数1.29，果皮绿色覆窄齿条，外观亮丽，单瓜重1.59千克，果皮厚度0.54厘米，商品性好。果肉鲜红，中心含糖量11.7%，中边糖差2.2%，多汁，纤维少，食味极佳。2012年通过北京市审定（京审瓜2012001），适合北京

图3-45　超越梦想

地区春、秋大棚栽培。

⑪黄小帅（图3-46）　黄瓤小型西瓜主流品种。极早熟，绿皮黄肉，田间生长势中等，果实发育期为27天，易坐果、品质好，平均单瓜重1.16千克，果实短椭圆形，果形指数为1.11，果皮绿色底上覆宽齿条，黄瓤，北京区域试验中，其中心含糖量10.10%，高于对照红小玉0.55%，边部可溶性固形物含量8.80%，高于对照红小玉0.68%，肉质细脆，多汁，纤维极少，口感好，果皮厚0.40厘米，较脆，耐运性中等。2005年通过北京市品种审定（京审瓜2005011），适宜早春京郊日光温室栽培。

⑫北农天骄（图3-47） 当前全国设施栽培中型西瓜主流类型之一。中熟，单瓜重8～10千克，大者可达12千克以上。植株长势稳健，低温坐果性好，膨瓜快，抗病性好，适应性强。皮色鲜绿，条带秀美，开花后30天左右成熟。中心含糖量12%～13%，果肉红色，肉质脆爽，品质好，皮薄且韧，不裂瓜，极耐贮运。2010年通过北京市审定（京审瓜2010007），适宜北京地区早春大棚栽培。

图3-46 黄小帅　　　　　　　图3-47 北农天骄

⑬传祺1号（图3-48） 极早熟杂交一代小西瓜品种，全生育期85天左右。植株生长势中等，抗病、抗逆性强。主蔓第7～9节着生第一雌花，其后每4～5节再现1朵雌花。低温弱光下坐果性好，连续坐果能力强。果实椭圆形，果形指数约1.3，果皮绿底覆墨绿色窄条带。平均单瓜重1.7千克，红瓤，瓤质细脆，纤维较少，中心含糖量12%以上。果实商品率高，果皮韧性好，不易裂果，采摘期长，耐贮运性好。

图3-48 传祺1号

⑭传祺2号（图3-49） 极早熟杂交一代小西瓜有籽品种，平均果实发育期为34.2天，田间生长势中等，抗病、抗

图3-49 传祺2号

逆性强。主蔓第7～9节着生第一雌花，其后每5～6节再现1朵雌花。低温弱光下坐果性好，连续坐果能力强。果实椭圆形，果形指数为1.24，果皮绿底覆墨绿色窄条带。平均单瓜重1.58千克，红瓤，瓤质细脆，纤维较少，中心含糖量12%以上。果实商品率高，果皮韧性好，不易裂果，采摘期长，耐贮运性好。

（2）**西瓜砧木品种**　选择与西瓜亲和力强、抗枯萎病能力强、对不良条件适应能力强，同时对接穗西瓜的品质和风味影响小的砧木。目前生产上常用的西瓜砧木主要有南瓜、瓠瓜、葫芦，多用黑籽南瓜和白籽南瓜。

2.种子处理

（1）**种子消毒**　为防止种传和土传病害发生，每100千克种子用2.5%咯菌腈悬浮种衣剂400～800毫升或10%咯菌腈100～200毫升进行拌种。也可根据防治病害种类，选择不同的药剂进行拌种消毒。真菌性病害可用50%多菌灵500倍液浸种45～60分钟，或用40%福尔马林100倍液浸种25～30分钟。细菌性病害用1%次氯酸钙浸种15分钟。病毒病用10%磷酸钠浸种20分钟；或在70℃下干热处理3天。

包衣种子无需处理，直接催芽即可。

（2）**浸种催芽**

砧木：种子多采用温汤浸种（图3-50）。

温汤浸种：种子和水量比例为1：6。将种子放入50～55℃的热水（即2份开水和1份凉水混合）中，不断搅动10～20分钟，使种子受热均匀，水温降到室温时停止搅拌，用清水洗净种皮上的黏液后，放入清水中继续浸种8～12小时，捞出沥干。用消毒湿布或毛巾包裹种子，种子平铺厚1～2厘米，置于28～30℃恒温箱中催芽。其间每天翻动1次种子。待种子"露白"，芽长约0.5厘米时即可播种。

接穗种子也进行温汤浸种。方法同上，不同之处在于处理完后，再浸种4～6小时，用消毒湿布或毛巾包裹种子，种子平铺厚1.0厘米左右进行催芽。有籽西瓜温度保持25～30℃，无籽西瓜温度保持30 ～ 33℃。每天翻动1次种子。有条件的地方可以采用恒温箱催芽。

图3-50　浸种催芽

A.准备55℃热水　　B.烫种　　　C.30℃清水浸种

D.浸泡后的种子　　E.恒温箱　　F.种子放入恒温箱内　　G.催好芽的种子

3.育苗基质准备　选用商品基质，或草炭和蛭石混合基质（配比为2：1），或草炭土、蛭石、珍珠岩混合基质（配比为6：1：1），也可选择其他基质进行复配（图3-51）。

4.装盘　装盘前先将基质喷少许水拌匀，逐步调节基质含水量到40%～60%，即用手紧握基质可形成水滴，但不形成流滴（图3-52）。基质膨松后装入选定的穴盘中，使每个孔穴都装满基质，表面平整，刮去上面多余的基质（图3-53）。装盘时注意均匀装盘，保证基质松紧、软硬适中。为方便播种，生产中用层层压盘的方式，在重力作用下让每个格室出现凹槽（图3-54），装盘后各个格室应能清晰可见（图3-55），但应注意上层和下层的凹槽深度不一致，凹槽浅的穴盘可重复压穴。也可使用配套工具在穴盘正中央打深度为1厘米左右的小孔（图3-56，图3-57）。

A

B

图3-51　基质准备
A.基质复配　B.蛭石、珍珠岩

图3-52　调配基质

图3-53　装　盘

图3-54　层层压盘

图3-55　格室清晰可见

图3-56　单行压穴器

图3-57　整盘压穴器

5.**播种** 2月底至3月初可播种，砧木较接穗提前6～8天播种；穴盘育苗播种时间可以比营养钵育苗晚4天左右，春提前栽培的大棚可在2月初播种，中棚可在2月下旬播种。砧木种子出芽达到85%以上开始播种，芽长度以3厘米以下为宜。每穴播1粒种子，挑选芽长基本一致的种子平放在穴盘正中小孔内（图3-58），播种深度为1.0～1.5厘米，过浅容易导致种子戴帽出土，过深出苗迟，瓜苗质量差。播种时种子平放，朝向尽量一致，保证出苗整齐，便于后期嫁接操作。播种后覆盖一层基质，并抹平，喷淋水分至穴盘底部渗出水滴。最后在穴盘上覆盖一层薄膜保温保湿（图3-59到图3-62）。接穗种子均匀撒播于育苗盘中，后覆盖基质，厚1.5～2.0厘米，播种后覆盖地膜保湿。

图3-58 播　种　　　图3-59 覆盖基质　　　图3-60 覆盖蛭石

图3-61 播种完毕　　　图3-62 覆盖地膜保湿

6.苗期管理

（1）**揭膜** 播种2～3天后及时观察出苗情况，当种子出苗率达到50%时，及时揭去薄膜使小苗见光绿化，有戴帽出土情况的，在清晨种壳潮湿时进行人工"脱帽"，揭膜太迟容易使小苗徒长，形成高脚苗。

（2）温度管理　播种至齐苗前，白天温度控制在25～30℃，最高温度不超过33℃，夜晚加盖覆盖物增温，使温度保持在18～20℃，增温促进出苗。50%种子出土后，温度白天保持在20～25℃，夜晚15～18℃；齐苗后到第一片真叶出现，适当通风，降低床温，温度白天控制在22～25℃，夜晚保持15℃左右，防止出现高脚苗。晴天时进行适当通风，晚上要加盖覆盖物进行保温，定植前4～5天进行炼苗，温度白天控制在18～22℃，夜晚保持在13～15℃。在保证温度的前提下，应尽量加大通风量和通风时间，降低棚内湿度，浇水应选晴好天气的中午进行，浇后及时通风降湿。工厂化育苗情况下，多采用控温水帘降低温度（图3-63），必要时辅助遮阳网降温（图3-64）。

图3-63　温室水帘降温　　　　　图3-64　自动化遮阳网

（3）光照管理　出苗后要让苗及时见光，整个苗期要尽可能早揭膜晚盖膜，让秧苗多见光。连续阴雨天时，用补光灯补光（图3-65），雨停后及时揭开覆盖物让秧苗见散射光，防止徒长倒伏。

（4）肥水管理　播种后始终保持基质湿润，穴盘摆放尽量保持水平，保证穴盘基质水分均匀不积水。如长时间未见出苗要及时查看种子情况。出苗后根据基质水分情况及时浇水，遇阴雨天气时适当减少浇水次数。播种后3天开始出苗，喷1次小水，利于脱壳、苗壮。以后根据基质、天气、温度情况喷水，前期温度较低，喷水频率2天1次，后期温度较高，喷水频率1天1次。配合喷水加入大量元素水溶性肥料，浓度为0.1%，每3天用1次。出苗2周后，适当喷施叶面肥，可用2%的春雷霉素500倍液和64%噁霜·锰锌600倍液等进行预防保护，每隔7～10天喷雾1次。同时要适当控制水分，促进秧苗健壮生长。建议应用水肥一体化技术（图3-66），可以节水节药，省时省力。

图3-65 补光灯

图3-66 水肥一体化设备

（5）病虫害防治 基质育苗在苗期较少发生病虫害。主要病害有猝倒病、立枯病、炭疽病等，虫害主要是蚜虫。病害可用多·福800倍液、64%噁霜·锰锌500倍液交替喷施；蚜虫可采用10%吡虫啉2 000倍液喷雾防治或悬挂黄板诱杀（图3-67）。喷药一定要选择晴天上午进行。出苗后喷施30%甲霜·噁霉灵水

图3-67 黄板诱杀

剂，1～3克/米^2，7天1次，预防立枯病；或者在苗床浇灌722克/升的霜霉威盐酸盐，5～8毫升/米^2，7天1次，预防疫病和立枯病。注意事项：按农药安全使用规范操作，采用二次稀释法配药。在配制药液时，先将推荐用量的产品用少量水在清洁容器中充分搅拌稀释，然后全部转移到喷雾器中，再补足水并充分混匀。苗床浇灌的用药方法为，在播种时及幼苗移栽前进行苗床浇灌，每平方米用药2～3升，使药液充分到达根区，浇灌后保持土壤湿润。

（三）嫁接

1.嫁接前的准备　嫁接前需准备好酒精、嫁接竹签、刀片、嫁接夹等嫁接工具（图3-68）。并用75%酒精或高锰酸钾、10%福尔马林中性固定液、10%磷酸钠液浸泡消毒。操作人员的手应及时清洗，并用75%酒精消毒。

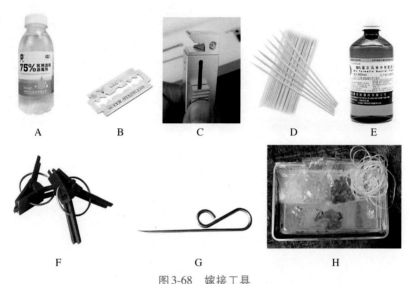

图3-68　嫁接工具

A.酒精　B.双面刀片　C.切削器　D.牙签　E.10%福尔马林中性固定液
F.嫁接夹　G.嫁接针　H.新型嫁接夹及套管

　　嫁接前提前将基质浇透水，保证苗床湿润，等待嫁接。嫁接前可用硫酸链霉素500倍液和春雷霉素600倍液，或单独用70%甲基硫菌灵800倍液，喷淋西瓜接穗和砧木根部及叶面，最好配合64%甲霜·锰锌600倍液等药剂喷雾防病。嫁接操作应在适当遮阴的条件下进行。

　　2.嫁接时期　生产中多用贴接法。接穗幼苗子叶初展、未见真叶时为适宜嫁接时期，此期砧木幼苗应子叶展平、初显真叶（图3-69，图3-70）。

图3-69　嫁接接穗

图3-70　嫁接砧木

3.嫁接方法

（1）贴接法　用刀片斜向下约30°角切掉砧木真叶和1片子叶，留1片子叶，切口长度大约为1厘米；后在西瓜接穗苗子叶下方1厘米处用刀片斜向下30°角切1道与砧木苗吻合的切口，刀片与子叶展开方向平行。将砧木和接穗的切口切面紧贴在一起（如粗细不同，只一个切面对齐即可），用嫁接夹固定好（图3-71）。

图3-71　嫁接过程
A.切削砧木　B.切削接穗　C.切好的接穗　D.砧木、接穗用嫁接夹固定
E.嫁接完成　F.及时去掉砧木侧芽

(2) 插接法 顶插接的最佳时期是砧木出现第一片真叶，接穗子叶展平前。一般情况下，砧木先期播种1～2天，种子拱土后再播种接穗，接穗子叶展平前即可嫁接。

嫁接时先用刀片在接穗子叶基部下端约1.5厘米处切出带尖端的斜面。然后剔除砧木的真叶和生长点（图3-72）。使用专用嫁接针，紧贴任一子叶基部内侧，向另一子叶基部下方呈45°角斜刺出，形成与接穗切面基本吻合的刺孔（图3-73）。嫁接针插入茎部顶端时，以不透出为宜。切削接穗时，楔形切口和接穗子叶方向一致。接穗插入砧木时，4片子叶方向一致，不要呈"十"字形（图3-74）。砧木生长点既可在嫁接前去除，也可等嫁接完成（图3-75）后及时去除。

图3-72 去除砧木顶芽

图3-73 专用嫁接针插入砧木

图3-74 拔出嫁接针插入接穗

图3-75 嫁接完成

（四）嫁接后的管理

1.温度管理 嫁接苗伤口愈合的适宜温度是20～28℃。前6～7天嫁接苗所处环境温度白天应保持25～28℃，夜晚保持20～22℃，不宜低于18℃。7天后伤口愈合，嫁接苗转为正常管理，白天温度保持26～28℃，夜晚温度16～20℃。白天高于32℃要降温，夜晚低于15℃要加温。

2.湿度管理 嫁接后3～4天内，应密闭不通风，棚内湿度95%以上，以保湿为主（图3-76）；5天后开始通风换气降湿（图3-77），通风时间以接穗子叶不萎蔫为宜；7天后逐渐加大通风量和通风时间，直至撤掉薄膜，进入正常的苗床管理（图3-78）。

图3-76 嫁接后盖薄膜保湿

图3-77 通风降湿　　　　　　　图3-78 撤掉薄膜

3.光照管理 嫁接后2～3天内，不见强光，如光照过强，用黑色遮阳网遮阴；3天后，视苗生长情况，逐渐增加早、晚光照，以苗不萎蔫为标准，见光由弱到强，时间由短到长，约1周后可以完全不遮阴。遇连阴天，有条件的生产者进行人工补光。

4.肥水管理 嫁接苗不再萎蔫后，转为正常肥水管理，生产中工厂化育苗多采用自走式喷灌车（图3-79），或人工喷水（图3-80）。视天气状况，5～7天浇1遍肥水，还可以加入植物诱抗剂，增加嫁接苗抗逆性。幼苗长至2片真叶后开始适当控制水分，防止徒长，培育壮苗。

图3-79 自走式喷灌车　　　　　图3-80 人工喷水

5.分级管理 将接口愈合好、生长快的大苗放置在温度、光照条件相对较差的地方，控制生长；将伤口愈合差、生长慢的小苗放在条件好且稳定的地方，可叶面喷施磷酸二氢钾或其他叶

图3-81 择取小苗弱苗

面肥，促进生长，使整批幼苗定植前生长一致。及时剔除愈合不好的苗，对每个穴盘进行大小壮苗和弱苗的筛选，剔除小苗弱苗（图3-81），移取壮苗进行补空（图3-82，图3-83），保持整个穴盘植株生长一致。

6.除萌芽等其他管理 嫁接苗生长过程中，若仍有侧芽陆续萌

图3-82　移取壮苗

图3-83　用壮苗补空

发，应及时抹除，以防消耗苗体养分，影响接穗的正常生长。抹芽动作要轻，切忌损伤子叶及接穗。

7.嫁接苗壮苗标准　嫁接的西瓜苗健壮（图3-84），嫁接部位愈合良好；嫁接苗有2～3片健康真叶，节间短，叶色正常；嫁接苗根系发达、将基质紧密缠绕形成完整根坨，无病虫危害。

（五）嫁接苗运输

图3-84　贴接法壮苗

1.嫁接苗的包装　幼苗装箱前，逐盘复检，每盘中相差1片真叶的苗的数量控制在4%以内，尽量保证生长一致；包装容器为专用包装箱或普通纸箱，箱子规格（长和宽）同穴盘规格，高度以不低于幼苗植株高度为宜；标签内容为品种名称、数量、级别、生产时间、生产单位、地址和技术服务电话。

2.运输　最好采用带有支架的厢式货车带盘运输，减少幼苗的损伤，运输时间不超过2天；也可把苗拔出，一定数量的幼苗用薄膜包好，打包，然后装箱（图3-85）。距离较近的农户，可采用农用车等带盘或打包运输（图3-86）。运输期间要做好必要的保湿和降温工作。

图3-85　壮苗装箱

图3-86　准备运输

（六）育苗常见问题

1.出苗不齐　由于种子个体情况不同，苗床温度、湿度不均匀，苗床基质不平整，覆土厚薄不均或基质配比等问题，易发生出苗不整齐现象（图3-87）。

图3-87　出苗不齐

解决方法：第一，选择大小均匀一致的种子进行浸种催芽后，筛选催芽较为均匀的种子进行播种；第二，基质配比要合适；第三，播后覆土厚薄要均匀，均匀喷水后覆盖薄膜，以保持苗床温度、湿度；第四，当出苗不齐或没有出苗迹象时，及时检查种子发芽情况，剔除胚根发黄腐烂、弱小、不能正常发芽的种子，改善苗床环境条件，并及时补种，若胚根尖端仍为白色，说明还能正常发芽，应加强温度管理，促进种子发芽，若出现大小苗，可将大苗移到温度较低处，小苗摆在温度较高处，以使幼苗长势整齐一致，或将同等大小的苗移栽到同一穴盘中，方便管理。

2.戴帽出土　由于播后覆土厚度过薄或者播后基质底水不足，导致种子发芽过程中水分短缺，未到出苗，表面基质已变干，种皮干燥难以脱落，发生戴帽出土（图3-88）现象。

图3-88 戴帽出土

解决方法：第一，覆土厚度要均匀合适，一般为1.0～1.5厘米，播种后在苗床覆盖一层薄膜，起到保温保湿的作用，使种子出苗后种皮柔软易脱落；第二，当覆土过薄或床面干燥龟裂时，要及时喷水，并撒盖一层较湿润的细土，增加土表湿度和土壤对种子的摩擦力，帮助子叶脱壳；第三，对少量戴帽出土苗，可在清晨种壳较为湿润柔软时人工去除。

3.**僵化苗** 僵化苗（图3-89）表现为苗叶小、叶色暗绿，茎细节短，生长缓慢，根细少等。主要由低温、干旱或缺肥等原因造成。

解决方法：第一，要保持苗床温度适宜，减少通风量，尽可能使苗床接受更多的光照，遇低温时使用地热线等提高床温；第二，加强苗期肥水管理，保持适宜苗床湿度；第三，要保证营养土养分充足，可喷施磷酸二氢钾等叶面肥

图3-89 僵化苗

或油菜素内酯补救。

五、甜瓜育苗技术

在设施甜瓜栽培中，培育无病壮苗是栽培成功的关键技术之一和主要环节。甜瓜根系再生能力较弱，因此育苗时要有保根措施。

（一）选择品种

1.一特白（图3-90） 植株长势较强，果实发育期为35～38天，评比试验单瓜重1.65千克，短椭圆形，果形指数为1.19，果面光滑，白皮白肉，肉厚腔小，肉质细腻，可溶性固形物中心含量为16.2%，比对照高1.7%，口感清香。不脱蒂，极耐贮运。早熟，外观商品性好，有清香味。2011年通过北京市品种委员会鉴定（京品鉴瓜2011002），适宜北京地区早春日光温室栽培。

图3-90 一特白

2.一特金（图3-91） 植株长势强健，果形指数为1.13，短椭圆形，表皮光滑，金黄色，美观，果肉白色，果瓤白色，肉厚大约3.6厘米，单瓜重大约1.3千克，可溶性固形物中心含量大约为14%，边缘含量大约为8.5%，不脱蒂，极耐贮运，抗病性强。口感好，外观商品性好，有清香味。2011年通过北京市品种委员会鉴定（京品鉴瓜2011003），适宜北京地区早春日光温室栽培。

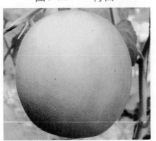

图3-91 一特金

3.金衣（图3-92） 植株长势强健，

图3-92 金 衣

果实椭圆形，表皮光滑，金黄色，美观，果肉白绿色（靠近果皮部淡绿色，向内逐渐变白色），果瓤白色，果形指数为1.13，肉厚大约3.8厘米，单瓜重大约1.48千克，可溶性固形物中心含量大约为14.9%，边缘含量大约为8.5%，不脱蒂，极耐贮运，抗病性强。

4.北农翠玉（图3-93） 植株长势强，子蔓、孙蔓均可坐瓜，开花后30天左右果实成熟。果形为梨形，表面光滑，商品成熟果表皮绿色，果肉绿色，单瓜重0.4～0.5千克。可溶性固形物中心含量约13%，肉质细腻，甜脆适口。成熟果不易脱蒂和裂瓜。抗病、抗逆性强，适合春秋季露地和保护地栽培。

图3-93 北农翠玉

（二）播种准备

1.营养土配制 为了保证幼苗良好的生长发育，育苗土应选用保水、保肥、通气性好和营养含量适中的营养土。北京地区常用的营养土配制（图3-94）有如下4种：鸡粪与田园土以1∶3混合，田园土选择未种过瓜类作物的土壤；草炭与田园土以3∶7混合；废旧蘑菇渣料与田园土以2∶1混合；专业育苗场使用育苗专用商品基质，可避免土传病害的发生。装盘前需做消毒处理，将25克50%多菌灵600倍液，均匀地喷在育苗基质上，混匀装盘（图3-95）。

图3-94 配制营养土

图3-95 装填穴盘

2.种子处理　甜瓜的种子处理主要有温汤浸种、种子包衣等方法，目的是促进种子吸水，保证发芽快且整齐，和对种子表面及内部进行消毒防病。

（1）温汤浸种　温汤浸种可以使种子吸水快，同时还可以杀死种子表面的病菌。播种前1天将种子晾晒，去除种子表面水分。在浸种容器内盛入种子体积3倍的50～55℃的热水烫种，其间不断搅拌，待水温降至40℃，浸种4～6小时。

（2）种子包衣　种子包衣（图3-96）可以提高发芽势，播后3～4天即可出苗且整齐，还能够有效防治苗期真菌性病害，提高幼苗质量。该方法操作简单，1～2分钟即可完成。具体操作：称量需要进行包衣处理的甜瓜种子重量，以便计算需要加入的药剂重量；处理前先把种子放到准备好的塑料自封袋中（注意检查自封袋的密封性），然后按照药剂重量：种子重量为1：20的比例将药剂加入自封袋中，在自封袋中留有一定体积的空气后将自封袋封好密闭；用手握住自封袋用力摇晃，使自封袋中的药剂与种子充分混合均匀；将包衣之后的种子从自封袋中倒出摊开，放在阴凉通风处晾干。所有包衣处理后的种子（图3-97）可以直接播种，切记不需要再进行任何的浸种催芽等处理。

图3-96　种子处理药剂（甜瓜）

图3-97　包衣甜瓜种子

3.催芽　将浸泡好的种子用湿布等包好，放在28～30℃恒温下催芽。当胚芽长至0.5～0.8厘米时即可播种。

（三）播种

1.育苗时间 设施栽培瓜苗的适宜时期以棚内10厘米处地温保持在12℃以上为宜，要根据定植期往前推算30天左右即是播种期。在适播期内，适当早播可以保证早采收上市，提高种植效益，育苗过早或过晚都不利于生产。一般苗龄30～40天，瓜苗3～4片真叶时定植为宜；根据栽培环境（日光温室或塑料大棚）的温度、光照条件等确定适宜播种期。

2.播种方法 播种前1天对排列在苗床中的营养钵（穴盘基质）浇1遍透水，等待播种。播种时在营养钵中心扎1个小孔，然后把种子横放在钵内，胚根向下放在孔内，播种时尽量采用定向播种方式（图3-98到图3-100），即种子摆放方向一致，出苗后子叶的方向也会相对整齐，不会互相遮挡。每钵播1粒发芽的种子，随覆湿润营养药土1.0～1.5厘米厚，并立即紧贴床面盖薄膜（图3-101），当出苗达到70%以上时及时去掉薄膜。

图3-98　定向播种　　　　　图3-99　甜瓜育苗

图3-100　播　种　　　　　图3-101　覆盖薄膜

（四）苗床管理

1.出苗前管理 播种至出苗前（约5天）严密覆盖。以防寒、增温、保湿为主，促使出苗快而整齐。床温白天适宜保持28～32℃，夜晚适宜保持17～20℃。

2.出苗后管理

（1）温度管理 出苗至子叶展平，应及时通风，降低苗床温度，温度白天控制在22～27℃，夜晚控制在15～18℃。定植前15天左右进行倒苗，有利于根系生长。将靠近后墙的苗盘倒至前面。定植前1周炼苗，白天温度25～28℃，夜晚温度12～15℃。待瓜苗长出3～4片真叶时开始定植（图3-102，图3-103）。

图3-102　甜瓜苗期　　　　　　图3-103　甜瓜成苗

（2）光照管理 在育苗过程中，尽量保证充足光照。应在保证温度的条件下，尽量早揭晚盖遮阳网等不透明覆盖物。一般在定植前1周除去覆盖物，使幼苗得到充足的阳光。

（3）肥水管理 在播种前浇足底水的情况下，出苗前苗床一般不会缺水。但出苗后幼苗生长逐渐加快，需水量大，水分蒸发量大，床土易失水干燥。因此应根据土壤水分情况及时补充水分。在瓜苗生长过程中，若发现缺肥现象，可结合浇水进行少量追肥，一般可用0.1%～0.2%尿素水浇苗，也可在叶面喷施0.2%的磷酸二氢钾或0.3%的尿素。通常情况下，只要育苗营养土严格按照前文所介绍的方法配制，瓜苗一般不会发生缺肥现象。

六、黄瓜育苗技术

(一) 自根苗培育

1.穴盘选择 黄瓜育苗可以选用50孔或者72孔的穴盘，培育5叶1心的秧苗用50孔穴盘，培育4叶1心的秧苗用72孔穴盘。

2.基质配制 基质原料选择草炭、蛭石和珍珠岩。草炭粒径1～5毫米，蛭石粒径1～3毫米，珍珠岩粒径1～3毫米。草炭：珍珠岩：蛭石体积比为5：4：1，每立方米基质中加入氮磷钾的全溶性复合肥 (19-19-19) 1千克。混配基质时各组分要均匀，并加水使其相对湿度达到40%左右。

3.催芽

(1) **催芽室催芽** 黄瓜属于喜温作物。将穴盘交错码放在催芽床架的隔板上，控制温度在28℃左右。待5%的幼苗长出时将全部穴盘移到苗床上。

(2) **苗床催芽** 将穴盘整齐排放在苗床上，盖1层地膜保湿，控制环境温度在25～30℃，当5%的幼苗长出时，揭去地膜。

催芽过程中，每天抽查穴盘2次，检查穴盘内湿度及种子的萌发情况。必要时调整穴盘位置，一般情况下催芽3天、胚根在0.5厘米左右、开始有种子破土时移入苗棚。

4.温度管理 播种后温度白天保持在25～28℃，夜晚保持在18～20℃，温度过高容易造成小苗徒长，过低容易造成叶片下垂、沤根，遇到极端天气时，避免出现昼低夜高的情况。秧苗出齐后，白天适温22～25℃，夜温10～12℃。

低温季节增温：低温季节育苗时，每天早、中、晚通风换气，防闷种，启用加温系统等措施提高设施内气温。

(二) 嫁接育苗

1.设施、设备消毒

(1) **温室、苗床消毒** 采用高锰酸钾+甲醛消毒法：每亩温室用1.65千克高锰酸钾、1.65升甲醛、8.4千克开水消毒。将甲醛加入开水中，再加入高锰酸钾，在设施内分3～4个位置产生烟雾反应。封闭48小时消毒，待气味散尽后即可使用。

（2）穴盘、平盘选择与消毒　使用黑色PS（聚苯乙烯）标准穴盘，砧木播种选用72孔穴盘，标准尺寸为540毫米×280毫米×80毫米（长×宽×高）。接穗播种选用平底育苗盘，标准尺寸为600毫米×300毫米×60毫米（长×宽×高）。用前用1000倍高锰酸钾液浸泡苗盘10分钟（图3-104）。

图3-104　苗盘消毒

2.基质准备与装盘

（1）基质配制　自配基质使用优质草炭、蛭石、珍珠岩等材料，按体积比3∶1∶1配制，每立方米加入1千克国标三元复合肥、0.2千克多菌灵，加水使基质的含水量达50%～60%。

商品基质选择应符合《蔬菜育苗基质》（NY/T 2118—2012）规定。

（2）穴盘、平盘的填装　将基质装入穴盘和平盘中，表面平整，且使穴盘每个孔穴都装满基质，装盘后各个格室应能清晰可见。

3.品种选择

（1）砧木品种选择　黑籽、黄（白）籽南瓜均可。所选品种应嫁接亲和力强、共生性好，抗黄瓜枯萎病、根腐病等根部病害，对接穗品质无不良影响，符合市场需求，例如北农亮砧。

（2）接穗品种选择　符合市场需求。越冬设施栽培品种要耐低温、弱光，抗霜霉病、白粉病等，植株长势强、产量高、品质好；早春设施栽培应以雌花节位低、不易徒长、早熟、抗病、优质的品种为主，例如中农26、京研107、京研迷你5号、津优35、中农16、北农佳秀等。

4.砧木种子处理

（1）浸种　冬春季黑籽南瓜比接穗早播5～7天，白籽南瓜早播7 ～ 10天，夏秋季早播3 ～ 5天。催芽前先将种子晾晒3 ～ 5小时，后将种子置入65℃的热水中烫种，水温降至常温浸种4小时后沥干水分。

（2）催芽　在铺有地热线的温床上或催芽室内进行。将种子摊放在装有湿沙的平盘内，覆盖一层湿沙，再用地膜包紧。催芽温度控制在30 ～ 32℃，50%种子露白时停止人工加温，待播。

5.播种

（1）砧木播种及管理　胚芽长1 ～ 3毫米、出芽率达到85%时即可播种。将催好芽的砧木种子播种在已装有基质的50孔标准穴盘内，播种时胚芽向下，保持种子开口朝向一致，播后覆盖1.0 ～ 1.5厘米厚的已消毒蛭石，淋透水，苗床覆盖地膜。白天温度28 ～ 32℃，夜温18 ～ 20℃。50% ～ 70%幼苗顶土时揭去地膜，温度白天22 ～ 25℃，夜晚16 ～ 18℃。

（2）接穗播种及管理　种子晾晒3 ～ 5小时后，播于装有消毒基质的平盘内，每盘播1 500粒。用洁净的细沙覆盖，苗床覆盖地膜。冬春季苗盘放置在铺有地热线的温床上或催芽室内进行催芽。催芽温度为28 ～ 30℃。70%的种子顶土时去掉地膜，逐渐降温，温度白天22 ～ 25℃，夜晚16 ～ 18℃。

6.嫁接

（1）插接法嫁接　砧木（图3-105）第一片真叶露心，茎粗2.5 ～ 3.0毫米时为嫁接适宜时期，嫁接苗龄为7 ～ 15天；接穗（图3-106）子叶变绿，茎粗1.5 ～ 2.0毫米时为嫁接适宜时期，嫁接苗龄为2 ～ 3天。嫁接前1天砧木、接穗都淋透水，叶面喷杀菌或杀虫剂。

将砧木真叶和生长点剔除，也可嫁接后去除。用嫁接针紧贴任一子叶基部的内侧，向另一子叶基部的下方呈30° ～ 50°角斜刺一孔，深度0.5 ～ 0.8 厘米。取一接穗，在子叶下部1厘米处斜切0.5 ～ 0.8厘米的楔形面，长度与砧木刺孔的深度相同，然后迅速将接穗插入砧木的刺孔中，嫁接完毕（图3-107，图3-108）。

图3-105　插接法砧木

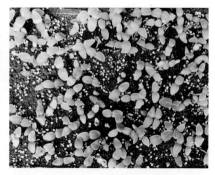

图3-106　插接法接穗

A

B

C

图3-107　插接过程
A.切削接穗　B.穿刺砧木生长点　C.插进接穗

　　嫁接成活后，及时去除砧木蘖芽，并控制适宜湿度，防止嫁接苗产生不定根（图3-109），影响嫁接效果。

图3-108　嫁接完成

图3-109　嫁接苗产生不定根

（2）贴接法嫁接　砧木（图3-110）第一片真叶露心，茎粗2.5 ～ 3.0毫米时为嫁接适宜时期，嫁接苗龄为7 ～ 15天；接穗（图3-111）子叶变绿，茎粗1.5 ～ 2.0毫米时为嫁接适宜时期，嫁接苗龄为2 ～ 3天。嫁接前1天砧木、接穗都淋透水，叶面喷杀菌或杀虫剂。

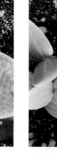

图3-110　贴接法砧木　　　　　图3-111　贴接法接穗

在生长点处将砧木一侧子叶和生长点斜45°角切除；接穗在子叶下部1厘米处斜切0.5 ～ 0.8厘米的斜面，大小尽量与砧木切口一致；将接穗和砧木的切口紧贴一起，用嫁接夹固定，嫁接完毕（图3-112）。

A　　　　　　　　　B　　　　　　　　　C

图3-112　贴接过程
A.切削砧木　B.切削接穗　C.嫁接夹固定

7.嫁接苗管理

（1）**湿度管理** 苗床盖薄膜保湿（图3-113），也可以搭建小拱棚保湿（图3-114）。所用薄膜应符合《聚乙烯吹塑农用地面覆盖薄膜》（GB 13735—2017）标准。嫁接后前3天苗床空气相对湿度保持在90%～95%；3天后逐渐增加换气时间和换气量；7～10天后，去掉薄膜，空气湿度保持在50%～60%。

 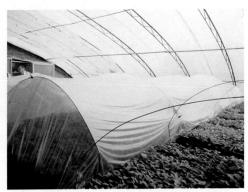

图3-113　薄膜保湿　　　　　　图3-114　搭建小拱棚保湿

（2）**温度管理** 嫁接后前6～7天苗床温度保持白天25～28℃，夜晚18～20℃。7天后温度保持白天22～28℃，夜晚16～18℃。

（3）**光照管理** 在棚膜上覆盖黑色遮阳网。嫁接后前2～3天，晴天可全天遮光，以后逐渐增加见光时间，直至完全不遮阳。若遇久阴转晴天气要及时遮阴，遇连续阴雨天气则要补光。

（4）**肥水管理** 嫁接苗不再萎蔫后，视天气状况5～7天喷1遍肥水，可选用氮磷钾育苗专用肥（15-15-15），浓度以0.1%～0.3%为宜。

8.嫁接壮苗标准 砧木与接穗子叶完整，具有1叶1心，叶色浓绿，叶片肥厚、无病斑、无虫害；砧木下胚轴长4～6厘米，接穗茎粗壮，直径0.35～0.40厘米，株高10～15厘米；根坨成形，根系粗壮发达。苗龄20～30天。

七、冬瓜育苗技术

（一）穴盘的选择与装盘

使用黑色PS标准穴盘，砧木播种选用50孔穴盘，标准尺寸为54厘米×28厘米×8厘米（长×宽×高）；接穗播种选用平底育苗盘，标准尺寸为60厘米×30厘米×6厘米（长×宽×高）。

将预先湿好的基质装入穴盘和平盘中，表面平整，且使穴盘每个孔穴都装满基质，装盘后各个格室应能清晰可见。

（二）品种选择

品种选择应符合市场需求，秋冬茬栽培选用植株长势强、产量高、品质好、耐热性强、抗病毒病的中熟或中晚熟蔓性品种。越冬茬栽培选用耐冷性强，低温条件下结瓜率高的中熟或早熟半蔓性品种。冬春茬和早春茬栽培宜选用苗期耐寒性特别强、生长速度快的极早熟或早熟矮生品种。如北京地区可选择北京一串铃（图3-115）、北京地冬瓜、粉皮冬瓜等品种。

图3-115　北京一串铃

（三）育苗

1.**播种时间**　春早熟日光温室栽培在1月中下旬至2月中下旬播种，秋延迟塑料大棚栽培在8月初播种，越冬日光温室栽培在10月下旬至11月初播种，具体时间根据生产需要而定。

2.**设施选择**　秋季育苗选择有遮阳、降温设备的日光温室或连栋温室；冬春季育苗选择有加温设备的日光温室。

3.**种子处理**　催芽前先将砧木种子晾晒3～5小时，然后将种子置入50℃的热水中烫种，水温降至常温浸种，或用50%多菌灵可湿性粉剂500倍液，在常温下浸30分钟，然后用清水连续洗几遍，直到无药味为止，沥干水分后浸种10～12小时。浸种时要采用镇压的方式，防止种子漂浮在水面上。

4.播种 将冬瓜种子按照相同方向摆放在穴盘内，覆盖厚1.0～1.5厘米消毒蛭石或基质，淋透水，覆盖地膜保湿。

5.催芽

(1) **催芽室催芽** 穴盘码放在育苗车上，变温催芽，白天温度控制在25～30℃，夜晚温度控制在23～25℃，并经常向地面洒水或喷雾增加空气湿度，大概3天后，60%左右种子露白时，移到育苗温室养护。

(2) **苗床催芽** 穴盘码放在育苗床架上或与土壤隔离的地面上，盘上覆盖白色地膜、微孔底膜或无纺布等材料保湿，白天温度控制在25～30℃，夜晚温度控制在23～25℃，若白天温度过高应及时通风，夜晚温度不高可使用地热线加热。当60%左右种子露白时，及时揭去地膜等覆盖物，防止烤苗，并及时覆盖1层基质。

6.苗期管理

(1) **水肥管理** 出苗后即可喷水，以保持基质湿度适宜。高温天气多喷，阴雨天气应适当减少喷水次数及喷水量。子苗期适当控制水分，降低夜温，充分见光，防止徒长。采用干湿交替方法进行苗期水分管理，基质相对含水量一般控制在60%～80%。等到幼苗出齐之后，把温度降低到18～20℃，防止徒长。

幼苗子叶展平后，施用叶面肥，肥料喷施浓度控制在0.1%～0.3%，1叶期开始用肥，不会产生肥害，随苗龄增大，用肥浓度可以逐渐增大。肥料施用应当在清晨或傍晚进行。避免烧叶、烧苗。炼苗期适当降低温度，控制浇水，保持基质相对湿度在60%左右，停止浇肥，以利于定植成活和缓苗。

(2) **温度管理** 出苗后白天温度控制在25～30℃，夜晚18～20℃，昼夜温差一般控制在5～10℃，促其真叶生长顺利。幼苗长到1心1叶的时候，逐步降低温度，夜晚的气温应该控制在17～19℃，白天控制在22℃左右，直到炼苗。

（3）炼苗　在低温、通风、适度控水等条件下炼苗，但不可炼苗太"狠"，否则易损伤幼苗。2叶1心时开始炼苗，至少炼苗7天。

八、南瓜育苗技术

育苗是南瓜类蔬菜栽培的重要环节。在育苗过程中，苗的质量影响着南瓜生长前期甚至整个生育期。因此，培育好壮苗是实现南瓜丰产、高效的基础。

（一）播种前准备

1.育苗方式　宜选用穴盘育苗（图3-116）或营养钵育苗（图3-117）。穴盘规格宜为32孔或50孔，营养钵直径宜为8～10厘米、高度宜为8～10厘米。

2.营养土及基质　营养土宜使用未种过葫芦科作物的无污染田园土和优质腐熟有机肥配制，两者比例宜为3∶1，加磷酸氢二铵1.0千克/米^3、50%多菌灵可湿性粉剂25克/米^3，充分拌匀放置2～3天后待用；基质宜为无污染草炭、蛭石和珍珠岩的混合物，加氮磷钾平衡复合肥1.2千克/米^3、50%多菌灵可湿性粉剂25克/米^3，基质应充分拌匀放置2～3天后待用。

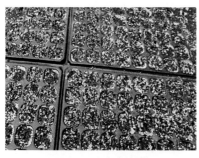

图3-116　穴盘育苗

图3-117　营养钵育苗

3.选种　种子质量与幼苗生长密切相关，充实饱满的种子生长出来的幼苗健壮，成苗率高且抗病。因此，播种前应挑选具有本品种特征特性的饱满种子（图3-118，图3-119），去畸形、霉变以及杂、瘪、破籽等。根据栽培面积、种子发芽率和千粒重确定播种量。播种前将南瓜种子在阳光下适当晾晒1～2天，用以种子消毒，可提高种子生命力，促进出苗整齐。

图3-118　南瓜种子（印度南瓜）

图3-119　密本南瓜种子

4.种子处理　一般采用温汤浸种，目的是促进种子吸水，保证发芽快且整齐，对种子表面以及内部进行消毒防病。用温度50～55℃的热水烫种，其间不断搅拌，待水温降至30℃，浸种4～6小时，种子充分吸水后沥干，待出芽。

5.种子催芽　将清洁湿布或毛巾用开水烫湿并拧干平铺在盘上，搓洗掉浸泡好的种子表面黏液，捞出用清水冲洗干净，再用洁净湿布擦去种皮上的水，然后用湿布包好，上面盖1～3层湿布，最上面盖1层塑料薄膜，置于28～30℃恒温箱催芽，种子胚芽长至0.5～0.8厘米时，即可播种。

（二）播期选择及方法

1.育苗时间　育苗时间主要根据定植时期和苗龄确定，设施栽培瓜苗的时期以棚内10厘米处地温保持在12℃以上、瓜苗长出3～4片真叶为宜，育苗过早或过晚都不好。北京地区春大棚栽培于2月下旬到3月上旬播种，北部冷凉地区可延至3月上旬至3月中旬播种育苗。秋大棚栽培于7月底至8月初进行直播即可。具体时间按定植期往前推算30天确定。

2.**播种方法** 播种（图3-120）时在穴盘孔穴中心扎1个小孔，然后把种子横放在钵内，胚根向下放在孔内。每钵播1粒发芽的种子，随覆湿润营养药土1.0 ~ 1.5厘米厚，并立即紧贴床面盖地膜，当出苗达到70%以上时及时去掉薄膜。

图3-120 播 种

（三）苗期管理

1.**温度管理** 春季播种后正值低温期，应保持较高温度，促进出苗，苗床温度白天保持在28 ~ 30℃，夜晚14 ~ 16℃，一般3 ~ 4天即可出苗；待大部分苗出土后，及时去掉覆盖的地膜，适当降低温度，开始通风，维持白天温度25℃左右，夜晚15℃左右。秋季育苗或直播尽量创造较低的温度（覆盖遮阳网、加大放风口）和适宜的湿度。育苗场地需提前高温和药剂处理，杀死病原菌，预防病毒病和其他病害发生。

从子叶展平（图3-121）到第一片真叶展开，宜降低夜温，保持白天温度20 ~ 25℃，夜晚温度10 ~ 13℃。南瓜需要低温雌花花芽才分化，加大昼夜温差可促进雌花形成，增加雌花数量。待苗长出3 ~ 4片真叶（图3-122）时开始定植。定植前1周要通风

图3-121 南瓜子叶展平

图3-122 南瓜苗（3 ~ 4片真叶）

炼苗，温度白天保持在 20 ～ 25℃，夜晚 10℃左右，同时注意控制水分，防止幼苗徒长（图3-123）。

2.**光照管理**　在育苗过程中，尽量保证充足光照。应在保证温度的条件下，早揭晚盖遮阳网等不透明覆盖物。一般在定植前1周除去覆盖物，使幼苗得到充足的阳光。

3.**水肥管理**　播种前1天将营养土浇透，一般正常情况下可不再浇水，主要采用覆土保墒。育苗期间一般不施肥，但苗龄过长应补充营养，随水施肥，一般用0.5%磷酸二氢钾，浓度过高容易烧苗，浓度过低则秧苗发黄，营养缺乏（图3-124）。

图3-123　幼苗徒长　　　　　　　图3-124　叶色发黄

4.**病虫害防治**　南瓜苗期的主要病害为猝倒病，种子出苗后，应注意控制浇水，避免低温高湿环境；防治可用25%甲霜灵可湿性粉剂800 ～ 1 000倍液、60%噁霜·锰锌可湿性粉剂500倍液，均匀用药，使药效达到最佳。

04 | 第四部分
叶菜类蔬菜育苗技术

一、大白菜育苗技术

（一）温度管理

春大白菜对播种期的要求比较严格，播种过早，种子萌动后，如果感受到2周以上2～10℃的低温，则容易春化，继而抽薹开花，后期不能形成叶球；若播种过晚，上市期会与夏秋反季节白菜上市期相遇，影响效益。北方大白菜夏秋季育苗多在7月底至8月初播种，8月下旬定植。

播种后苗床温度应保持在15℃以上，苗期温度白天保持在22～25℃，夜晚最低15℃。出苗后白天降至20℃，夜晚11～13℃。低于5℃或高于25℃幼苗都会生长不良。播种期温度适宜，出苗快，生长健壮（图4-1），若温度过低，可采用大棚加小拱棚及地热线的方式进行保温。夏秋季发芽温度高易出芽不齐或形成徒长苗。

A   B

图4-1　大白菜穴盘育苗和幼苗生长情况
A.穴盘育苗　B.幼苗生长情况

（二）水肥管理

大白菜幼苗在长出2片真叶前一般不浇水，并在每穴中保留1株健壮幼苗，防止徒长，苗期后期床土可适当干一些，或者干湿交替管理，适当用滴灌喷水，保持土壤处于湿润状态，促进幼苗根系生长发育。肥料用量需要严格控制，避免产生肥害，影响大白菜的品质。

（三）炼苗

定植前7天左右，要注意炼苗。可以选择在中午进行通风，炼苗程度以通风时叶片不萎蔫为宜。也可以在10℃下短时间锻炼，以适应棚外温度环境，有利于定植后快速成活。

（四）壮苗标准

春茬苗龄一般25～30天，有4～5片真叶，高度10厘米，叶色浓绿，无病虫害。

二、芹菜育苗技术

（一）播种

芹菜种子细小且皮厚、含油腺，不易发芽，一般采用育苗移栽的方式。种子千粒重为0.5～0.6克，每克种子2 000粒左右，按每亩用苗2万株计算，应精选种子25～30克。

选用干净的白布将种子包住，在常温下浸种，每隔8小时用清水冲洗并用手揉搓1次，然后继续浸种，浸种24小时后如不催芽，就可播种，播前在阴凉通风处摊开种子进行晾晒，种子不粘连时即可播种。如催芽，可在20℃左右的恒温箱中进行，每天淘洗种子1遍，并揉搓，淘洗完后甩干水分，再进行催芽；7天左右，当30%种子露白后即可播种；如种子已露白，再清洗时不要揉搓，同时，催芽时间不能太长，因芹菜芽过长不好播种。夏秋芹菜育苗需进行低温催芽，以利出芽。因芹菜籽粒太小，不透气，催芽时易霉烂，因此掺入等量的清沙拌匀，再装入湿布袋中置于20℃左右低温条件下催芽，白天放入，晚上拿出，让种子处于高低温交替条件，打破其休眠状态。催芽期间应每天用清水洗1～2次。7～10天后有30％～50％芹菜籽露白时，即可进行播种。

选择200孔或者288孔的穴盘，用草炭：蛭石=2：1的混合基质，每立方米基质加入50％多菌灵可湿性粉剂200克消毒，同时调节基质含水量至40％左右，充分混合后，至手轻握成团手指间略有滴水即可。将配制好的基质装入穴盘中并刮平，使每个网格清晰可见，防止出苗后根系纠缠（图4-2），然后堆叠进行按压，压深0.5

图4-2　播种时网格不清晰造成的芹菜秧苗根系纠缠

厘米。手工点播，每孔播种5～6粒，留苗2株，一次成苗。

（二）水肥管理

播种后浇透水，由于芹菜种子小，大部分种子浮在基质上，因此宜使用出水细小的喷头，便于控制浇水速度和出水量，防止冲走种子。浇透水后及时扣上地膜，以后视天气情况进行浇水，在种子出苗以后要控制浇水量，每天早晚可以适当喷水，次数不要过多，1～2次即可，保证浇全、浇透。幼苗长出3片真叶时，随水浇施1次速效氮肥，一般移栽1亩田的育苗床，施尿素15千克左右，以后根据情况再施肥1次。用0.2％磷酸二氢钾加600倍植丰素，叶面喷施1～2次。同时每隔15天左右可以喷洒一些尿素溶液，以此来促进幼苗的生长（图4-3），溶液的浓度要根据实际情况进行合理的配制。

（三）调苗技术

芹菜幼苗生长到 2 片真叶左右时要进行调苗，将大小一致的幼苗调到同一张穴盘里，把穴盘苗分成 2～3 个大小级别，分开管理。调苗是保证每张穴盘每穴有 1 株健壮幼苗的重要手段，同时保证同一级别的穴盘苗长势均匀一致、管理技术一致，定植后可以同时采收。

图 4-3　芹菜幼苗生长情况

调苗需要大量的人工来完成，一般情况下，每个工人工作 8 小时可以调苗 40～60 盘，每盘苗的调苗成本约 2.5 元，每亩可以摆放穴盘 3 000 个，调苗的人工成本每亩高达 7 500 元。因此，为降低人工成本，首先要保证芹菜的出苗率，保证穴盘的每个孔穴都有健壮幼苗。其次，管理过程中要尽量使水肥、光照、温度等影响因素均匀一致，才能保证每株芹菜幼苗大小一致，从而减少调苗的工作量。

（四）平茬技术

采用自动化流水线播种的穴盘苗未经分苗过程，有可能幼苗瘦弱、根系不发达，可以采用平茬的方法促进根系发育。在幼苗 5～6 厘米高时用剪刀剪去上部叶片，只留基质上方 1 厘米左右的心部继续生长，整个育苗期间可以进行 1～2 次平茬，但同时会延长幼苗的生长时间，因此需要提前播种，计算好育苗时间。

（五）炼苗及定植

1.炼苗　温室育苗的芹菜苗比较柔嫩，叶片含水量大（图 4-4），定植前需要提前炼苗，炼苗的关键技术是控水、控温、加强通风等。在芹菜苗定植前 7～10 天，延长风口放风时间，基质含水量控制在 50％左右，温室温度白天保持在 15～17℃，夜晚12℃，定植前3天夜温降至0～5℃炼苗。定植前1天，按照所用药品说明，使用寡雄腐霉、枯草芽孢杆菌、特锐菌等菌剂进行带穴盘蘸根（将整盘苗的穴盘部分放在药液里浸泡至基质湿润）或苗床灌根（穴盘基质湿润），以增加有益菌数量，预防土传病害，增强幼苗抗病虫能力。

图4-4　温室大面积芹菜育苗

2.定植　芹菜每亩需要定植的数量较多，且幼苗叶片柔嫩，需要更多的人工和更标准的技术。尤其值得注意的是，在早春温度低时，如果芹菜苗的生理苗龄处于4～6片叶，定植后的夜温不要长时间低于10℃，否则容易造成芹菜抽薹，影响商品性。

三、油菜育苗技术

（一）播种

苗床播种时间应早于当地同品种直播时间，至少早1个星期左右。播种前去杂质，晒种2～3天。播种时用10%的食盐水浸泡2～3分钟，清除上浮的病种和小菌核，用水清洗，摊开晒干后播种。每平方米苗床撒播种子1克左右。撒播均匀，按5∶3∶2的比例分3次进行撒播，播后均匀覆盖1层细土，厚度1厘米即可，保证出苗整齐均匀。

（二）温度管理

当油菜处于发芽出苗期时，温度在15～18℃生长最快，最适温度为20～25℃。

（三）水肥管理

油菜育苗期在9月中旬，此时气温较高。当土壤湿度低时应及时洒水，保证土壤湿润，以利于出苗。当幼苗长出3～5片真叶时进行追肥，3叶期时，将烯效唑喷施于叶面，可有效预防高脚苗的形成。

（四）间苗

间定苗在幼苗长至3～4片叶时进行。间定苗原则：去弱留壮、去杂留纯、去密留稀、留苗均匀（图4-5）。每10米²苗床可留苗1 200株左右（图4-6）。当幼苗长出1片真叶时，应进行1次疏苗，将丛生苗剔除出去；当长出2～3片真叶时，再次进行间苗，将弱苗、病苗等予以剔除。

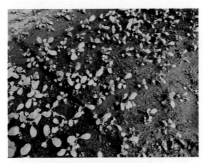

图 4-5　间苗后的油菜　　　　　　图 4-6　露地油菜

（五）病虫害管理

若出现蚜虫，每亩可用10%吡虫啉可湿性粉剂10～20克进行喷雾防治。

四、韭菜育苗技术

（一）播种

传统露天育苗一般在4月上中旬播种，每穴播韭菜种子10～15粒，播种深度为0.5～0.8厘米，直接把种子撒播在畦内，这种育苗方式容易产生韭蛆幼虫；温室育苗播种采用穴盘育苗的方式，即使用128孔或72孔的穴盘，依据每亩土壤用苗

6 000 ～ 8 000穴位计算，需要使用128孔穴盘70个，或者72孔穴盘120个（图4-7），在2月上旬进行播种。尽早育苗便于促进种子产量与质量的提升。把拌匀的基质装入穴盘，整个穴盘基质刮平，注意把每个孔穴装满基质，特别是穴盘四个角的孔穴，装满刮平后，10盘一摞，孔对孔垂直放齐，上面放另一个穴盘，用手均匀按压上面的穴盘，其底部压出的穴坑深度1厘米即为播种深度。每穴播种5 ～ 6粒，播种过程中注意种子均匀分散。播完种子上面覆盖拌好的基质，盖严刮平，把穴盘按次序排整齐（图4-8）。

图4-7　韭菜苗床育苗　　　　　图4-8　韭菜穴盘育苗

（二）温度管理

韭菜苗期生长适温为12 ～ 24℃，随温度的升高，生长速度变缓，当气温超过35℃时，韭菜生长停滞。气温升高时，采用喷水可以降低土壤温度3 ～ 4℃，防止土壤温度过高，以保证根系的正常生长。用普通日光进行照射，当周围气温低于适宜生长温度条件时，需要尽快搭建小拱棚。小拱棚冬季育苗一般在15天左右就能看到出苗，如果使用地热线育苗，则能够缩短出苗时间，10天左右便能看到出苗，待土壤中的幼苗出齐后便可撤掉小拱棚。

（三）水肥管理

播后用微喷系统喷水，将穴盘中的育苗基质喷透，出苗期间保持穴盘基质湿润，待10 ～ 12天后出苗。出苗后，采用微喷系统进行喷灌，前期基质水分控制在60%~70%，中后期植株叶片盖满穴盘后，以中午植株不萎蔫为浇水标准，穴盘中出现杂草应及时拔掉。幼苗长至2~3片叶后，叶面喷施0.5%保瑞丰10号（氮磷钾为18-18-18，加微量元素），喷至叶片滴水，每隔7天喷施1次，整个苗期喷施3~4次，保证幼苗正常生长。待植株根系透过穴盘深入营养土后（图4-9），进行微喷（灌），基质水分保持在70%以上。

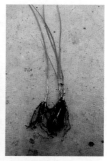

图4-9 韭菜穴盘苗根系和冲洗后韭菜穴盘苗根系

（四）炼苗与出圃管理

在3月底便可将穴盘移放到室外，此阶段为炼苗，若发现植株徒长，过早郁闭，应及时移动穴盘，进行稀疏排列，以利于透风。

五、莴苣育苗技术

莴苣可分为叶用和茎用两类，叶用莴苣又称生菜，茎用莴苣又称莴笋、香笋。播种前，首先要根据不同的时间选择抗性好、品质好、产量高、适合当地播种的莴苣品种，如射手、大速生等。莴苣育苗可在生产田里就地做畦播种，也可用营养土方或穴盘育苗（图4-10）。

A   B

图4-10 莴苣育苗
A.莴苣条播畦 B.育苗穴盘

（一）播种与催芽管理

1.选择优种 莴苣种子小，为长披针形，尖端锐利，不同品种的种子颜色会有差异（图4-11）。现在市场上一年四季皆可以看到莴笋，也就是说现在我们可以利用不同的种植技术，在一年中不同季节生产莴笋，在不同的播种时期要选择不同的品种。莴苣按照种植季节可分为春莴苣、夏莴苣和秋莴苣。春莴苣需要选用耐寒、适应性强、抽薹迟的品种；夏莴苣栽培应选用耐热、抗病、生育期短、长势好的早熟品种；秋莴苣栽培应选用抗强光、抗逆性强、耐寒性强、茎部肥大的中晚熟品种；这些品种易达到优质高产。

图4-11　不同莴苣品种种子的性状和颜色

2.播种时间 春莴苣播种期一般在9月下旬至10月上旬，定植期在10月下旬至11月下旬，收获期在翌年3月下旬至4月上旬。长江流域早夏播种在2月中旬至4月上旬，苗期30天左右，夏、秋季播种在5月下旬至8月中旬，苗期25天左右，1亩地可栽5 000株左右。

3. 苗床准备 选择肥沃、排水良好、结构疏松的沙壤土地做苗床。播种前7～10天将地翻耕，每亩地施适量腐熟有机肥或复合肥作基肥，将地连肥深翻，再将地耙细整平然后起垄，苗床准备好后即可进行播种育苗（图4-12）。若采用穴盘营养土育苗，可使用商品灭菌基质加水充分拌匀，然后将基质装入50孔或128孔的穴盘中，每孔装满基质后，刮去多余基质，采用压盘方式将孔穴中心压出清晰可见的凹槽，便于播种（图4-13）。

图 4-12　耙细整平后的苗床

A   B

图 4-13　穴盘育苗准备
A.商品基质加水拌匀　B.基质装入穴盘

4.催芽　夏、秋播种莴苣时，温度高，特别是在5—8月播种，天气炎热，种子不易发芽，为提高种子出芽率，播种前须进行催芽（图4-14）。这里介绍3种催芽方法。第一种是置于冷凉地催芽。先用凉水浸泡5～6小时，将泡胀的种子与湿润河沙混合，置于阴湿冷凉地方（如阴湿的水缸旁），经常保持湿润，一般3～4天开始发芽，其缺点是出芽慢，生长不够整齐。第二种是置于冰箱催芽。将种子浸泡4～6小时后捞起，装入小布袋内，将小布袋内种子表皮水甩干，再把种子团打散，使之均匀分布在布袋内，放在冰箱的保鲜层，经2～3天即可出芽。第三种是置于恒温气候箱中催芽。用凉水浸泡5～6小时，然后放到温度为20℃的恒温气候箱中见光催芽，经1～2天即可出芽。种子发芽后放在阴凉见光处炼芽3～4小时，炼芽时注意保湿。经过低温预冷和催芽的种子，播种后出苗快而整齐，抗逆性增强。

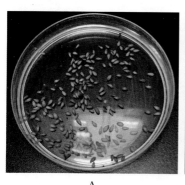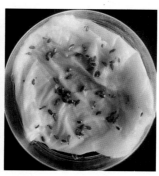

图4-14　莴苣种子的催芽
A.浸泡　B.出芽

5.干籽直播　莴苣一般多用干籽直播。播种前需将种子在太阳下晾晒5～8小时进行消毒灭菌。种子发芽的最适温度为15～20℃，高于25℃不易发芽。低温季节播种育苗（低于8℃）须保温育苗，可采用塑料薄膜小拱棚进行保温。莴苣是直根系，根系较弱，干籽直播时应选择土质疏松、保水保肥的土壤。

莴苣播种前，应将苗床浇足底水，水渗下后撒0.5厘米厚的细土，随后即可播种。春莴苣可将选好的干籽直播于备好的苗床，育苗播种量为1～2克/米^2，播种后，盖细潮土0.5～0.8厘米厚，大棚育苗盖塑料薄膜或草帘保温保湿，露地育苗可加盖小拱棚保温，一般经3～4天可出土。穴盘育苗直接在每个孔穴中放1～2粒种子，然后盖上一层薄薄的基质，覆盖基质后刮平盘面（图4-15）。幼苗出土后保持土温白天15～18℃，夜晚不低于8℃。

A   B

图4-15 穴盘育苗

A.每个孔穴中放1～2粒种子   B.刮去多余的基质

夏、秋季播种选晴天的早上或阴天进行。将催芽后的湿种子播种到准备好的苗床或穴盘中，高温天气覆盖黑色遮阳网至幼苗长出2片真叶时（图4-16）。露地育苗在雨天用遮阳网覆盖，防雨水冲刷。

在带有喷雾装置的大棚中直播时，可以先将种子按行播下，然后盖0.5～0.8厘米厚的细土（图4-17），之后打开喷雾装置进行浇水（图4-18）。夏季如直播，出苗率低，应当比春季播种适当增加用种量。

图4-16 莴苣长至2片真叶

图 4-17 莴苣直播
A.条播起垄 B.覆盖细土

图 4-18 大棚直播后利用喷雾装置浇透水

（二）温度管理

莴苣育苗过程中温度对出苗率、培育壮苗等具有重要作用。春莴苣育苗的苗床温度白天应控制在15 ～ 20℃，夜晚最好不低于8℃。如果温度低于控制温度，要及时加盖小拱棚和草垫用于保温，一般覆盖后，如遇温度过高，应揭开拱棚和草垫通风降温。夏、秋莴苣育苗播种后苗床温度应保持20 ～ 25℃，最高温度不要高于25℃，当温度高于25℃时，应及时用黑色的遮阳网覆盖以降低苗床的温度（图4-19），一般3 ～ 5天出苗。保护地育苗时，出苗后应降低温度，防止温度过高幼苗徒长。

图 4-19　高温季节覆盖黑色遮阳网降温

（三）水肥管理

育苗前应该将苗床浇足底水，基肥施足是莴苣早发壮苗的基础，一般结合翻耕整地，1亩地施充分腐熟的有机肥 4 000～5 000千克、通用型硫酸钾复混肥 40～50千克。苗期土壤干燥时，可适当浇水，但总的来说，苗期应适当控制浇水，以免幼苗徒长。在整个育苗期间，每天保持苗床充分湿润，切忌苗床泛白。生长中期，根据长势可少量追肥，每亩苗床用尿素 3～5千克。苗期2叶1心时间苗，3～4叶时定植（图4-20）。定植后应及时浇定根水，1～2片叶时应保持地面见干见湿，发棵期要适当控水，茎肥大期

图 4-20　莴苣2叶1心和3～4叶期

加大灌水量，以后适当减少灌水。定苗后结合灌水及时追肥，每亩穴施优质复合肥20～30千克于植株中间，4～16片叶时喷施叶面肥1～2次。

春莴苣一般在9月以后播种，施肥原则是"轻施勤施"。第1次追肥在移植后15天左右，1亩地追施硫酸钾型高氮复混肥8～10千克，兑水条施或穴施，施后覆土。立春后，植株开始迅速生长，此时可进行第2次追肥，1亩地追施硫酸钾型高氮复混肥10～15千克，结合中耕浇施。在植株封垄并开始抽茎时，应追施钾肥，1亩地施硫酸钾型高钾复混肥15～20千克。以后不再施肥，以免基部迅速膨大而开裂。

夏、秋莴苣栽培生长快，需要较好的肥水条件。干旱缺肥或水分过多，偏施氮肥，都有可能导致莴笋茎细弱瘦长，先期抽薹。要淡肥勤施，早晚灌溉，降温保湿，常保持土壤湿润，促进生长，但也要注意雨后及时排水，降渍防病。一定要在封行前（莴苣长出10～15片叶时）勤施追肥，一般选晴天，结合灌水进行，1周左右追肥1次，共2～3次，1亩地每次施尿素5～7千克。茎膨大初期是追肥的关键时期，必须重视这一次追肥，1亩地施优质三元复合肥25～30千克。茎膨大期间，生长健壮时不再追肥，只需保持土壤湿润即可，若生长后期缺肥，可叶面喷洒0.3%磷酸二氢钾+0.5%尿素的混合液来补充。

（四）炼苗与出圃管理

为了使幼苗很好地适应定植环境，提高定植后的成活率，需要在出圃定植前进行炼苗。炼苗可提高幼苗对早春低温或夏季高温等不良环境条件的适应性，一般在定植前1周要对幼苗进行强化锻炼，使其逐渐适应定植的环境，特别是温湿度要接近定植环境。

露地与育苗床内环境条件的最大差异是温度的不同，因此，幼苗必须进行低温锻炼，床温白天可降至15～20℃，夜晚5～10℃。定植前停止加温，逐渐加大放风量，要由白天的大放风逐渐发展到夜晚也放风。逐渐撤除草帘等覆盖物，到定植前3～4天，应全部撤掉，使育苗场所的温度接近定植场所的温度，苗床温度降低要逐步进行，不可突然降低过多，以免引起幼苗受伤。适当控制浇水，定植前10天减少苗床浇水次数，只在萎蔫时少浇点儿水，防止湿度过高幼苗徒长。

夏季高温季节，采用遮阳棚育苗或在有水帘风机降温的设施内育苗，种苗的生长处于相对优越的环境条件下，一旦定植于露地，幼苗难以适应田间的酷热和强光；因此，出圃前应增加光照，尽量创造与田间比较一致的环境，使其适应，以避免或减少损失。冬季温室育苗，温室内环境条件比较适宜蔬菜的生长，种苗从外观上看质量非常优良，但定植后难以适应外界的严寒，容易出现冻害和冷害，成活率也大打折扣，因此，在出圃前必须炼苗（图4-21），将种苗置于较低的温度环境下3～5天，可以起到理想的效果。如果育苗和定植都在温室中，那就不用炼苗，达到成苗标准即可定植。

图4-21　露地炼苗

幼苗长至4～5片叶时可以出圃带土定植于露地、大棚或日光温室中。夏莴笋苗龄不宜过长，以20～25天为宜，谨防苗龄过大、秧苗徒长而引起先期抽薹。定植时应选植株生长健壮，根系完好，子叶完整，叶片平展、肥厚，有4～5片真叶，节间短，未拔节，色泽正常，无病虫害的苗栽植（图4-22）。

图4-22 生长健壮的莴苣植株

六、结球甘蓝育苗技术

（一）播种与催芽管理

1. **选择良种** 结球甘蓝育苗需根据不同季节、不同栽培方式来选择相应的品种。春季露地栽培可选择中甘11号、中甘8号、京丰1号等早熟、丰产、抗病力强的品种。早春冷棚栽培可选用报春等耐寒性强、抗病力强的品种。夏季露地栽培可选择中甘8号和夏光等耐热品种。秋季露地栽培可选择晚丰、秋丰和庆丰等品种。结球甘蓝的种子为圆形，播种前需要挑选饱满的种子（图4-23）。

图4-23 结球甘蓝的种子

2. **播种时间** 现在结球甘蓝品种较多，可以做到一年四季栽培。早春覆盖栽培播种时间为12月中旬，可以用小拱棚保温育苗，或者是在日光温室内育苗。春季露地栽培播种时间为1月中旬。夏季露地栽培播种时间为4月下旬至5月上旬。秋季露地栽培播种时间为7月上中旬。越冬覆盖栽培播种时间为7月底至8月初。

3.苗床准备　结球甘蓝对苗床的要求不严格，北方地区可利用冷床、温床、温室等设施，南方地区可利用露地苗床或冷床等。育苗床土要选择土壤疏松肥沃，地势高，排灌方便，上茬没有种植过白菜、萝卜等十字花科蔬菜的土块，可选前茬作物为葱、韭菜或大蒜的田块。选用大棚蔬菜地育苗时，不可选盐碱化严重的地块，防止因土壤盐分过高而导致出苗困难或死苗。上茬作物收获后，应及时清理地面上的作物垃圾及病害作物残体，这样可有效减少苗床病害的发生，每亩地施腐熟的优质圈肥5 000千克、三元复合肥50千克，将有机、无机肥撒施均匀后深翻30厘米，耙平。

如采用阳畦育苗，应先做好阳畦，在畦面上覆盖塑料薄膜15天，等到地温升高后再播种。若土壤肥沃，育苗畦内只撒施100克百菌清，不施有机肥也可以。苗床整理好后，可准备好小拱棚，并在播种前5～6天盖上薄膜，烤畦，提高苗床温度（图4-24）。

图4-24　苗床整理好后盖上薄膜烤畦

也可采用育苗专用穴盘（装填普通基质或专用商品基质）来育苗。选用优质草炭、珍珠岩、废菇料和蛭石等为材料，按草炭3份、珍珠岩1份、废菇料1份和蛭石1份的体积比配制基质，并在其中加入适量的复合肥，同时加入适量50%多菌灵可湿性粉剂用于消毒，搅拌均匀后待用。也可直接购买灭菌后的商品基质，浇水搅拌均匀后待用。装盘前将基质的含水量调至50%～60%，然后将基质装到穴盘中，采用压盘法将穴盘中心压出1个凹孔，用于播种。

4.催芽　结球甘蓝播种前通常不进行催芽处理，多用干籽直播。播前需要检测种子的发芽率，种子发芽率需大于90%，这样育苗成苗率高。在水中浸泡3～5小时后进行催芽，催芽温度控制在20～25℃，一般1～2天就可以出芽（图4-25）。

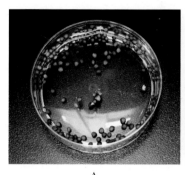 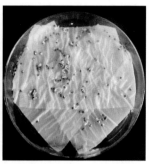

A　　　　　　　　　　B

图4-25　结球甘蓝种子发芽率检测
A.浸泡种子　B.检查发芽种子数

5.播种　播种最好选择晴暖天气进行。播种前先将苗床浇足浇透，一般要求苗床的10厘米左右土层含水量达到饱和状态，等苗床上的水渗透下去后，先要撒一层薄薄的筛过的细土，然后将种子进行均匀撒播，每平方米可播3～4克种子，播后覆盖1厘米左右厚度的细土。穴盘里播种时，每个孔穴播1～2粒种子，播后覆盖0.5～0.8厘米厚基质，然后统一浇水，浇水一定要浇透，直至看到水从穴盘底部空隙中渗出为好，使基质的含水量达200%以上，然后覆盖塑料薄膜提高温度。越冬和春季播种后，如果是大棚育苗，播种后密封大棚，扣严小拱棚，出苗前不通风，白天苗床温度保持在20～25℃（图4-26）。夏、秋季播种后要控制苗床的温度，温度高时需要覆盖遮阳网或者喷涂"利凉"进行降温（图4-27）。覆盖薄膜的在种子芽出齐后，需要及时揭开薄膜。

图 4-26　越冬和春季播种后密封
大棚

图 4-27　夏、秋季播种后喷涂"利凉"
降温

（二）温度管理

出苗前温度应控制在25℃，出苗后白天温度控制在20℃，夜晚温度控制在8～10℃，一般播种5天后就可出齐苗，这时就要注意及时逐渐放风，使温度保持在10～20℃。幼苗长至5片真叶时，夜晚温度不能低于8℃，以降低适于春化的低温影响，避免定植后发生先期抽薹。如果遇到特别冷的连阴天或者是雨雪天，棚内温度升不上来，可以用火盆临时加热升温，防止秧苗发生冻害。

（三）水肥管理

出苗前应严格控制水分，保持较低的湿度环境，有利于控制幼苗徒长。出苗3～5天后，及时补充水分，水分含量为基质最大含水量的70%左右。幼苗4～6叶时可以进行移栽，水含量为60%左右（图4-28）。夏季育苗，适当多喷2～4次水，但水分也不可过多，需经常通风降温降湿，并防治蚜虫、菜青虫和小菜蛾等虫害，同时需防止雨水进入苗床。根据幼苗生长情况，结合浇水喷施0.15%磷酸二氢钾、0.25%尿素等肥料。

图 4-28　控水防止幼苗徒长

（四）炼苗与出圃管理

结球甘蓝是耐移栽蔬菜。分苗和分苗后的管理是培育壮苗的关键。播种30天左右，幼苗2叶1心时，就应该及时分苗。如果幼苗过密，则要进行间苗，防止幼苗徒长。当幼苗长至3片真叶时（约2月上中旬）（图4-29），要再次进行分苗，将幼苗移栽到营养钵中，分苗床的温度一般掌握在8～20℃。春结球甘蓝秧苗定植前有5～7片真叶、下胚轴高度不超过3厘米、未明显拔节、叶片

图 4-29　结球甘蓝不同时期幼苗状态

厚、根系发达、无病虫害、未经过春化，为适龄壮苗（图4-30）。进入3月，幼苗定植前进行低温炼苗，逐渐加大放风量，苗床的最低温度可逐渐降低到5℃左右，以使幼苗适应大田的栽培环境，有利于快速缓苗，提高成活率。

图 4-30　结球甘蓝壮苗

七、快菜（苗用型大白菜）育苗技术

快菜（苗用型大白菜）属于早熟耐热类型大白菜，长得很像小白菜，但是比小白菜稍大，像小一些的大白菜，其实是早熟的大白菜，是一种速生白菜，因生长周期很短而得名。一般从播种到采收只要20～30天，是真正的速生蔬菜，受到市场及种植户的青睐。根据气候及栽培习惯和经验合理安排，一年可以多茬栽培。

（一）播种与催芽管理

1.选择良种　根据不同时间和种植地域选择抗病性强、产量高、品质好的快菜品种，如360快菜和火箭快菜等品种。播种前应检测种子发芽率，选用发芽率大于90%的优质种子。快菜的种子为圆形念珠状，良种籽粒饱满而均匀（图4-31）。快菜株型较直立，外叶嫩绿，叶片肥大、厚嫩，叶帮宽，生长速度快。

图4-31 快菜种子

2.**播种时间** 快菜一年四季都可以种植，长江流域每年3—9月都可以播种。江苏南京地区4月5日至9月30日，且日最低温度在13℃以上时，根据当地气候及栽培习惯可合理安排多茬栽培，但以春季和秋季快菜口感最好，特别是秋季种植的快菜，叶片肥厚，因受低温影响，食用起来会更加清脆爽口，口感绵甜。

3.**苗床准备** 快菜对茬口没有太严格要求，但是以茄果、瓜类、葱蒜的茬口比较适宜，快菜生长耐高湿环境，温度过低不利于快菜生长，冬季大棚种植需要注意温度。快菜种植前需要对土地进行翻耕，翻耕之后要整平耙细，确保没有明显大颗粒土块儿。露地种植需要起垄足墒栽培，温室大棚平畦就可栽培（图4-32）。穴盘栽培可以使用配制的普通基质或者灭菌商品基质，普通基质以泥炭：废菇料：

图4-32 育苗床

蛭石=1：1：1体积比配制，配制基质时每立方米加入0.7千克氮磷钾复合肥或者0.5千克的磷酸氢二铵，为防止基质中有病菌引起幼苗发病，每立方米基质加入100克多菌灵或200克百菌清，将肥料、基质和杀菌剂混合搅拌均匀，然后装盘待用。

4.**播种** 长江流域在3—9月均可播种，快菜常采用平畦条播的直播方式（图4-33），将整理好的苗床浇透水，在间隔25厘米的平行线上播种，播好后用细土覆盖，然后开好排水沟，浇水使土壤湿润即可。穴盘育苗为装好基质后，点播种子，覆盖1.0～1.5厘米厚的蛭石或复合基质，压实，然后浇透水，以水从穴盘底部渗出为好。3天左右即可见到快菜苗，10天左右可以进行间苗或移栽工作，避免过度拥挤影响幼苗生长，并在此时对快菜根部进行松土，使得根部呼吸、排水顺畅，避免根部积水烂根。

图4-33　快菜条播与穴盘苗

（二）温度管理

快菜育苗的温度和白菜育苗温度相似，出苗前温度白天应保持在25～28℃，夜晚15～18℃，出苗后适当降低温度，白天20～25℃，夜晚12～15℃。高温季节需用遮阳网遮光降温或者是喷水降温，春、秋低温时期应采取措施增加光照和温度。

（三）水肥管理

快菜出苗10天后会进入快速生长期，此时管理只需要保持土壤或者基质湿润，不要过于干燥即可，过干过湿都会影响幼苗生长，需要注意合理灌溉和及时排水。春、秋季2～3天浇1次水，夏季1天浇1次水。从幼苗3叶1心期至商品苗销售，含水量应保持在70%～75%，每1～2天喷1次水（图4-34）。2叶1心期后，

图4-34　快菜幼苗

结合喷水进行1～2次叶面喷肥，可选用0.2%～0.3%的磷酸二氢钾液。基质育苗应保持基质湿度维持在85%左右。快菜苗龄短，育苗基质可以满足幼苗生长需要，因此育苗期间无需补充肥料。

（四）炼苗与出圃管理

快菜出芽起苗很快，一般在8～9天就可以间苗。快菜间苗原则和大白菜间苗原则略有不同，在2叶期和2叶1心期进行1～2次间苗，间苗要做到优中选优。快菜生长很迅速，如果间苗定苗不及时，会造成快菜生长拥挤，而且后期间苗稍有不慎，就会损伤到邻近的苗，为定苗和田间管理造成不便，所以间苗要及时。快菜生长20天左右出现4～5片真叶，此时既要做好定苗工作，也要做好快菜的田间除草工作，通常定苗除草同时进行，最关键的是要及时除草，避免草苗争肥（图4-35）。定植前7天左右可进行适当炼苗，低温季节需缓慢降低育苗床的温度，高温季节则需要每天升高一点温度，使温度接近自然定植环境的温度，这样有利于幼苗定植后快速适应环境，提高成活率（图4-36）。

图 4-35　除草间苗

图 4-36　快菜壮苗

八、空心菜育苗技术

空心菜又名蕹菜、通菜、竹叶菜、藤菜等，是旋花科一年生或多年生蔓生草本植物（图4-37）。在中国中部及南部各省份广泛栽培，北方比较少，宜生长于气候温暖湿润、土壤肥沃多湿的地方，不耐寒，遇霜冻茎叶枯死。空心菜的育苗技术影响空心菜的产量和质量。

图 4-37　空心菜

（一）播种与催芽管理

1.选择良种　空心菜可一年四季种植，播种时应选择适合当地气候的品种，需选择出芽率高、耐寒、耐热、抗病性强、生长旺盛、侧枝较多的品种，常用品种为泰国空心菜、大叶空心菜、白梗空心菜等。泰国空心菜株型直立，叶片呈细叶状（细叶空心菜），口感好；大叶空心菜叶片肥大（宽叶空心菜），茎秆粗壮，纤维少，品质优（图4-38）。这些品种品质优良，适合日光温室和露地栽培，一般每亩产量为3 000～5 000千克。空心菜种子黑褐色，千粒重为32～37克。在选种时，要以饱满、亮泽且发芽率高的种子为主，保证空心菜产量（图4-39）。

2.播种时间　空心菜露地栽培从春季到秋季都可进行，长江流域大部分地区蔬菜基地春大棚在2月15日左右种植；华南平原

图 4-38 细叶空心菜（左）和宽叶空心菜（右）

A   B

图 4-39 空心菜种子

A.泰国空心菜 B.大叶空心菜

地区在4月20日至8月20日露地栽培，华北平原地区在5月30日至7月10日露地栽培，华东、华中、西南平原地区在5月15日至8月5日露地栽培。根据市场需要可在温室、大（小）拱棚中栽培，以实现周年生产。

　　3.苗床准备　露地栽培一般采取直播方式。选地势高、排水好、通风的地块种植。空心菜喜充足光照，但对密植的适应性也较强。空心菜对土壤条件要求不严格，但因其喜肥喜水，仍以比较黏重、保水保肥力强的土壤为好。空心菜生长速度快，分枝能力强，需肥水较多，宜施足基肥，播种前深翻土壤，每亩地施入腐熟有机肥1 500～2 000千克或人粪尿1 500～2 000千克、草木灰50～100千克，充分与土壤混匀，耙平整细后，起成高20厘米、宽130～150厘米的畦，大棚栽培每棚起2垄，中间留40厘米宽的管理通道。空心菜也可采取穴盘育苗，其穴盘可以用普通基质或者商品基质，准备过程和快菜育苗一样，装盘后待用。

4.**催芽** 播种之前，需要做好种子的处理工作。首先可以使用甲霜灵进行拌种或者1/1 000的硫菌灵浸种30分钟，以此消灭种子上的细菌；或者是将种子放在55℃左右的热水中浸泡30分钟左右以达到灭菌的效果。空心菜种子的种皮比较厚、硬，在温度过低的季节播种，需要进行催芽。如果不催芽会导致发芽缓慢甚至是烂种不发芽。因此，播种前可将种子放在55℃左右的热水中浸泡30分钟左右，然后再放到清水中浸泡20～24小时，捞出洗干净后在25℃进行催芽。催芽时要保持种子处在湿润环境中，每天用清水冲洗种子1次，当有一半以上的种子露白后便可播种（图4-40）。其他高温季节可以不用催芽，直接直播。

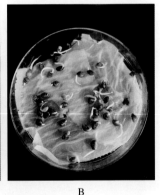

A   B

图4-40 空心菜种子催芽
A.浸种 B.催芽情况

5.**播种** 播种一般采用条播密植，在整理好的苗床上起行，行距33厘米，然后浇透水，水渗到苗床30厘米处时进行适量的撒播或者点播，播种后覆土0.5～1.0厘米厚。亩用种量6～10千克。育苗盘穴播为将种子点在孔穴中，每孔1～2粒种子，播后覆盖孔穴，应能清楚地看到穴盘格，然后浇水，到水从穴盘底部流出为好。早春播种前先将种子催芽，露白后开始播种，播种后覆盖薄薄的土层或者基质，然后覆盖塑料薄膜增温、保湿，待幼苗出土后再把薄膜撤除。另外，亦可在生长期间摘取15厘米左右顶梢进行扦插繁殖，只要扦插田土壤湿度适宜，插梢很快就会长出不定根，并抽出新梢（图4-41）。

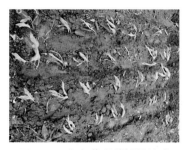

图 4-41　空心菜顶梢扦插繁殖

（二）温度管理

空心菜喜高温、多湿环境。种子萌发需15℃以上温度，种藤腋芽萌发初期，温度须保持在30℃以上，这样出芽才能迅速整齐（图4-42）；催芽撒播，播种后温度白天保持30～35℃、夜晚15℃以上，5～6天出苗后，白天温度保持25～30℃，保持见干见湿；蔓叶生长适温为25～30℃，温度越高，蔓叶生长旺盛，采摘间隔时间越短。空心菜能耐35～40℃高温；15℃以下蔓叶生长缓慢；10℃以下蔓叶生长停止，不耐霜冻，遇霜冻茎叶即枯死。种藤窖藏温度宜保持在10～15℃，并有较高的湿度，不然种藤易冻死或干枯。

图 4-42　空心菜发芽出苗

（三）水肥管理

空心菜管理的原则是多施肥，勤浇水。空心菜对肥水需求量很大，所以要注意施入充足的基肥，基肥以腐熟农家肥为主，配合适量的草木灰，除施足基肥外，还要追肥。当秧苗长到5～7厘米时要浇水施肥，促进发苗，以后要经常浇水保持土壤湿润。空心菜喜较高的空气湿度及湿润的土壤，环境过干，藤蔓纤维增多，粗老不宜食用，大大降低产量及品质。但要避免大水漫灌，因为水分过高能提高棚内湿度并降低地温，不利于根系生长，还易诱发多种病害。空心菜的叶梢生长量大且生长速度快，需肥量大，耐肥力强，对氮肥的需求量很大（图4-43）。每次采摘后都要追1～2次肥，追肥时应先淡后浓，以氮肥为主，如尿素等。生长期间要及时中耕除草，封垄后可不必中耕除草。

图 4-43　空心菜幼苗

（四）苗期管理和适时采收

空心菜出苗期的管理要点是提温控湿，创造适宜的生长环境，促进植株由自养生长向异养生长转变，促进根系的发生和幼苗的发育。随着植株生长要及时进行间苗和补苗，一般大叶品种生长面积为24厘米×12厘米，小叶品种生长面积为12厘米×12厘米。早期缺苗可用间苗时的幼苗进行补苗，而在中后期缺苗可用侧枝扦插补苗。在空心菜幼苗长到20厘米左右时便可定植，一个1米宽左右的畦栽植3行左右，穴距保持在35厘米左右。空心菜一次种植可多次采摘，当株高20～25厘米时保留基部2～3节，其上全部采收；待侧枝长度达到18～22厘米时保留侧枝基部2～3节，其上全部采收，如此往复多次（图4-44）。一般在晴天上午进行采收，这样采收后留下的伤口经过强光照射后易于愈合而避免病菌的侵染。采收间隔期一般为10～12天，具体时间要根据棚内空心菜的实际生长状况而定。

图4-44 空心菜生长

九、木耳菜育苗技术

木耳菜又称落葵、豆腐菜，是药食两用蔬菜，喜温暖高湿环境，因为它的叶子近似圆形，肥厚而黏滑，像木耳，所以俗称木耳菜（图4-45）。木耳菜是一种营养价值很高的保健蔬菜，以幼苗、嫩梢、嫩叶为食用部分。无论炒食还是做汤，均清香爽滑可口，深受居民的喜爱。

图 4-45　木耳菜

（一）播种与催芽管理

1.选择良种　为保证木耳菜的栽培品质，育苗前需进行选种，优先选用生长势强、分枝多、耐高温、耐潮湿、抗病性强、营养价值高、茎粗、叶片肥厚的品种，如大叶木耳菜、红梗木耳菜、青梗木耳菜等，从源头提升木耳菜栽培质量。播种前需要选择饱满而均匀的种子，这样可有效提高出苗率（图4-46）。

图 4-46　木耳菜种子

2.播种时间　随着设施栽培技术的发展，木耳菜可在露地、温室和大棚中栽培，温室栽培木耳菜全年均可生产。根据当地市场需求安排播种时间，长江流域春季播种时间在3月中旬至4月下旬，5月上中旬上市；秋季播种时间在9月中旬至10月下旬，11月中下旬上市；越冬早春播种时间在翌年1—3月，3月上旬至4月下旬上市；直播栽培在当地气温稳定在20℃时即可播种生产。

3.苗床准备　播种前需先选择适合的育苗地。木耳菜的育苗宜选用土层深厚、肥沃疏松、富含有机质的微酸性沙壤土地进行。前茬要求最好2年内没有种植过藜科和落葵科作物。播种前每亩可用1 500千克的鲜石灰拌土进行土壤消毒，2～3天后，施优质腐熟鸡粪、进口复合肥，深翻整地做畦，畦宽1.3米，沟宽0.3米，沟深0.2米，为增加土地利用率，棚边两畦可做半畦（图4-47）。为方便操作，做畦后盖大棚膜。穴盘育苗可选择50孔、128孔等不同规格的穴盘，用配制的普通基质或者灭菌商品基质，普通基质配方的体积比为草炭∶蛭石∶珍珠岩=3∶1∶1，加水拌匀后进行装盘，采用压盘的方式，将每个孔穴中间压出清晰可见的孔，然后待用。

图4-47　苗床准备

4. 催芽　木耳菜种子外壳较硬，为提高发芽率，播种前需对种子进行处理，种子处理的方法有两种，浸种催芽法和搓皮法。在进行种子催芽处理前，可采用药剂消毒，防止种子带菌。浸种催芽法为把种子放在清洁容器中，用55～60℃热水浸种30分钟，然后在28～30℃的温水里浸泡1～2天，待种子充分吸水后即可进行催芽。浸泡过程中可以多揉搓几次种子，让种子脱去外壳，搓洗干净后在25～30℃条件下保湿催芽（图4-48）。待种子露小白芽便可进行播种。如果不进行浸种催芽，可以在播种前用坚硬的工具对木耳菜种子外壳进行搓皮处理，这样播种后可以提高出芽率。

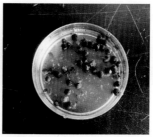

A　　　　　　　　　　B

图 4-48　木耳菜种子浸泡和搓皮

A.浸种　B.揉搓种子

5.播种　木耳菜播种方式可选择撒播、条播和穴盘育苗方式。播种前先将土地耙平整细，然后做畦，浇足底水。撒播，做好畦浇足底水，待水完全渗下后再撒0.5厘米厚的细土，随后播种，播种后再覆盖1.2～1.5厘米厚的细土，低温季节播种后，可以覆盖塑料膜保温保湿。冬春季采用大棚、小拱棚双层覆盖，棚内温度一般控制在20℃。如果进行条播，先在畦内开沟，沟深2～3厘米，沟宽10～12厘米，沟距15厘米，按沟条播，播后耙平覆土，以种子不裸露为宜，按畦喷水，以水能湿透畦面为宜（图4-49）。穴盘育苗，在每一个孔穴里放入1～2粒种子，到土面的深度大约

图 4-49　条　播

1厘米，播种完成后浇水1次，为种子育苗提供良好的水环境条件。一般播种后7～10天便可出苗，要定期进行观察，发现缺苗现象，及时进行补苗处理，提高木耳菜幼苗的存活率。

（二）温度管理

木耳菜喜温暖高湿，耐热耐湿性较高，不耐寒。种子发芽适温为20℃左右，生长适温为25～30℃，低于20℃生长缓慢，15℃以下生长不良，35℃以上高温时只要土壤湿润、肥料充足，幼苗仍生长良好。播种后棚内温度应保持在30℃左右，一般经7～10天就可出苗，10～12天就可出齐苗，出齐苗后应降低棚内温度，但不可低于18℃。出苗后温度白天保持在24～25℃，夜晚保持在16℃左右；子叶展平后，温度白天保持在27～29℃，夜晚保持在17～19℃（图4-50）。高温季节可以利用遮阳网盖棚降低温度。在采收前1周降低温度，白天温度保持在24～25℃，夜晚温度保持在14～15℃。

图4-50 木耳菜子叶展平

（三）水肥管理

木耳菜在生长过程中需肥量和需水量都很大，因此对木耳菜

的水肥管理要贯穿在整个日常管理工作中。在施足基肥的基础上，生长期间还要多次追肥。对于撒播种植的木耳菜，不需要定苗，

由于生长密度较大，对营养的需求也较大，因此在幼苗长出3～4片真叶时要追肥1次（图4-51），追肥可用硫酸铵和磷钾复合肥，每亩地施硫酸铵20千克，磷钾复合肥10千克，将肥料撒到土壤上，然后浇1遍透水。对于条播栽培的木耳菜，定苗后要中耕1次，并为幼苗培土1

图4-51　木耳菜幼苗长出3～4片真叶

次，然后施肥浇水，将肥料均匀撒放在畦中，浇1遍透水。在定苗及每次采收后，每亩追施人粪尿350千克或尿素12千克。每次采收后要结合追肥灌水1次，以土壤经常处于湿润状态为宜。木耳菜虽然较耐旱耐湿，但保持土壤湿润有利于木耳菜生长。因此，干旱时应及时浇水，涝时应及时排水，使畦土经常保持湿润状态。

（四）出圃管理

木耳菜长出1～2片真叶时应该进行间苗，然后进行深度2厘米左右的浅中耕，长至4～5片真叶时可以定苗。间苗和定苗的原则是去小留大、去弱留强。对于条播栽培的木耳菜，当苗长出4～5片真叶时就要进行定苗。定苗间距为15～20厘米，由于此时木耳菜的根系已经入土较深，在定苗时要用手指捏住木耳菜苗茎的根部将苗从土中拔出，切记不要用力拔叶片或茎的上部，这样很容易将幼苗拔断。在定苗的同时要将畦中的杂草顺便拔除，这次间下的幼苗已较大，因此可以将间下的幼苗集中起来上市销售，定苗后要中耕1次，并为幼苗培土1次。当苗长至15～20厘米高时，开始间苗除草，间弱留壮，行株距均保持3～5厘米，同时开始第一次采收，保留2片子叶继续生长；第二、第三次间苗与采收

同时进行；第四次正常采收批量上市（图4-52）。整个生育期间要及时中耕除草，并适当向植株基部培土。

图 4-52　木耳菜幼苗生长情况

05 | 第五部分
其他类蔬菜育苗技术

一、花椰菜育苗技术

（一）种子处理

1.浸种 催芽前先将种子晾晒3～5小时，然后将种子置入55℃的热水中烫种，水温降至常温浸种；或用50%多菌灵可湿性粉剂500倍液，在常温下浸种30分钟，然后用清水连续洗几遍，直到无药味为止，沥干水分后浸种10～12小时。

2.催芽

（1）催芽室催芽 穴盘码放在育苗车上，变温催芽，白天温度控制在28～30℃，夜晚温度控制在23～25℃，并经常向地面洒水或喷雾增加空气湿度，等60%左右种子露白时，挪出。

（2）苗床催芽 穴盘码放在育苗床架上或与土壤隔离的地面上，盘上覆盖白色地膜、微孔底膜或无纺布等材料保湿，白天温度控制在28～30℃，夜晚温度控制在23～25℃，若白天温度过高应及时通风，夜晚温度不高可使用地热线加温。当60%左右种子露白时，及时揭去地膜等覆盖物。

（二）播种

7月上旬至8月上旬在日光温室或塑料大棚内均可播种育苗，根据不同品种确定播种期，中晚熟品种春季露地移栽时间一般在4月中旬左右，温室育苗在移栽前25天进行，宜早不宜晚。温室育苗有苗床育苗和营养穴盘育苗，为提高秧苗质量及利于苗期管理，一般选用营养穴盘育苗，穴盘选用72孔或128孔。选用未使用过的育苗基质，加入充分腐熟的有机肥混合，用50%多菌灵可湿性粉剂进行消毒后装入营养穴盘待用。将种子平置于穴中央，用手指按压，后在表面撒1层基质，按压深度及基质厚度均为1厘米左右。

采用苗床育苗，播种前要提前1天浇足底水，使土壤湿润但不黏成团，把苗床中土块打碎耙平，每亩大田备约40米²苗床，用种量为15克。播种后用细土覆盖，厚度以盖没种子为宜，再用木板轻轻拍打，使种子与土壤充分接触。

（三）温度管理

出苗期温度控制为白天25～28℃、夜晚18～20℃；出苗后温度控制为白天12～20℃、夜晚8～12℃。伏天温度高、湿度大需要使用外遮阳设备，确保出苗后日均温度保持在20～22℃。春季播种后，及时搭好小拱棚，盖好薄膜以利保温出苗；秋季种植，育苗期由于气温较高，注意通风降温，播种后要盖好遮阳网遮阴，以利降温保湿，提早出苗。注意遮阳网的揭盖管理，一般在晴天10：00—16：00遮盖，其他时间应及时揭开，以免产生高脚苗、徒长苗。

（四）分苗假植

当幼苗长至3～4片真叶时进行分苗，株行距10厘米×10厘米，分苗时按苗的大小分开管理，分苗假植完成后要浇足水分，以后通过控大促小使幼苗生长一致，便于管理。采用营养钵或穴盘直接播种育苗时，可不用分苗假植，全天候直接移栽，缩短移栽缓苗期。

（五）水肥管理

播种后3天查看苗床墒情，保湿至出苗，芽顶土时揭去保湿覆盖物。灌溉要小水勤浇，宜见干见湿，促进幼苗根系生长，防止徒长，避免发生苗期病害。出苗后应注重水分管理，高温期育苗，不能以水控苗，要勤喷水以利降温保湿。苗床育苗应结合浇水轻施追肥，幼苗长至2片真叶后结合浇水，40米²苗床追施500克尿素。

待 3 ～ 4 片真叶期，喷洒0.3%尿素液。育苗正值高温多雨季节时，阴雨天及时看护，谨防苗床积水。穴盘基质育苗应每天观察湿度，早晚注意补水；营养土育苗，保持床土湿润，傍晚浇水，水量不宜过大。

二、芦笋育苗技术

（一）播种

芦笋种子种皮革质化，种子休眠程度不一，低温下发芽慢。为加速其发芽出苗，可先催芽。芦笋种子在进行消毒处理（多菌灵可湿性粉剂300倍液）12小时后，用清水浸泡48 ～ 72小时，保证种子充分吸水。将浸泡好的种子用纱布或毛巾包裹放入恒温箱催芽，温度控制在26℃。待种子露白后，将种子点播于装有已湿润基质的50孔育苗穴盘内，并在表层覆盖1厘米左右基质，盖上薄膜。

（二）温湿度管理

育苗期间需注意温度和基质湿度，如果温度过低，特别是夜晚低温可使用电热器或电热线加温，防止冻伤；气温过高时，注意遮阴避阳，防止失水萎蔫；基质的湿度应当保持在半干半湿的状态，水分不宜过多或过少。一般床温白天保持在25 ～ 30℃、晚上不低于12℃，日平均温度为20℃；出苗前，温度白天保持在25 ～ 28℃、夜晚15 ～ 18℃；出苗后，温度白天保持在25 ～ 30℃、夜晚不低于8℃，超过30℃应及时通风。

（三）水肥管理

芦笋出苗20天后可追施1次全元素复合肥，浓度可控制在正常浓度的1/5左右。当50%～ 70%幼苗出土时撤去覆盖薄膜。由于床土极易干燥，营养钵育苗更易失水，故应经常浇水，一般3 ～ 5天浇1次水。苗期追肥只需2次，第一次于第一支幼茎展叶后，结合浇水施尿素105～150千克/公顷，其后20天再施1次，量同第一次。出苗前苗床保持湿润，出苗后土壤干旱时及时浇水。苗高约10厘米时可随水浇施1次稀薄有机液肥或尿素和钾肥等，苗期共追肥2～3次，培育壮苗。出苗后勤除草，适当培土，使芦笋鳞芽发育粗壮，以防植株倒伏。

三、洋葱育苗技术

（一）播种

栽培地每亩需准备200～300克良种，育苗畦每10米^{2}播50克种子。人工干播和湿播均可。机播用专用播种机条播，深度1.0厘米，行距10～12厘米。播后耧平，浇足播种水。洋葱为绿体春化植物，对播期的要求较为严格，播期早，洋葱苗期株型较大，翌年容易通过春化而抽薹；播期晚，植株长势弱，越冬期容易发生冻害。因此，需合理选择播期。在中日照地区，早熟品种的适宜播种时间为9月5—10日，中晚熟品种的适宜播种时间为9月10—15日，播种完毕，撒施50%多菌灵可湿性粉剂预防苗期病害，最后撒1层基质，加盖遮阳网，浇足底水。待70%左右的洋葱幼苗出土时揭掉遮阳网，最好在傍晚进行，出苗后加强苗床地的管理，根据幼苗生长情况进行间苗、浇水、除草等田间操作。播种前浇足底墒水，控制水面深度在6厘米以上，确保洋葱出苗的水分需求得到满足；待水充分渗下后，使用精量播种机播种，每亩苗床播种精选新鲜种子1 500克左右。播种后及时覆盖薄膜，保持床面湿润状态，膜上遮阴，防止高温烧苗。将浸种后的种子放在16～20℃的条件下催芽，每天用清水冲洗1～2次，待60%种子露白尖即可播种。

（二）温度管理

育苗期温度管理原则是前升、中控、后降。幼苗出土前以升温为主，温度适宜，出苗较快，有利于苗齐、苗全、苗均、苗壮。温度白天控制在25～30℃，夜晚15℃以上。出苗前温度适当高一些，控制在25℃左右，促进出苗，出苗后温度白天控制在20～25℃，夜晚12～18℃，28℃以上应通风降温。播后5～6天检查出苗情况，当有70%出苗后于傍晚前后将地膜及时撤去，出苗后每天9：00—17：00覆盖遮阳网，覆盖时间需根据天气情况适当调整，阴天不盖。定植前5～6天撤去遮阳网。

（三）水肥管理

播种后4～5天必须浇第二水，出苗前不浇水，播种后8～9天出芽时浇第三水，培育壮苗，浇小水，以基质湿润为准，促进基质与根系良好结合，10天左右齐苗。子叶伸直后再浇1次水，此后，直到第一片真叶长出前均要控制浇水，当第二片真叶长出后，可根据基质含水量和幼苗生长情况酌情浇水，浇水选在晴天上午进行，定植前5～6天停止浇水。

洋葱育苗情况见图5-1。

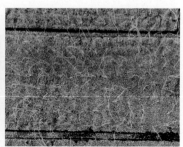

图5-1　洋葱育苗

秋季阴天较多、温度低造成洋葱苗偏小，可在洋葱苗生长30天后，按10千克/亩施入尿素促苗生长。基质可能存在供肥不足问题，若发现幼苗叶片发黄，应结合浇水随水追1次肥，追肥一般在幼苗长至2片真叶后进行，可用氮磷钾为22-22-14、添加微量元素的功能性水溶性肥料，稀释500倍后随水浇灌，中后期用0.5%尿素+0.2%磷酸二氢钾混合液进行叶面追肥。

（四）炼苗

播种后7～8天即可出苗，80%种子出苗后，应及时在傍晚撤除覆盖物，促使幼苗逐渐适应外界环境条件，适时定植（图5-2）。

图5-2 洋葱苗出圃

四、马铃薯育苗技术

（一）播种催芽

1.催芽 春播每亩需种薯130～150千克。要挑选出符合本品种特征、无病虫害、无伤冻（害）、薯块完整、表皮光滑、颜色好的薯块作为种薯。早春温度较低，马铃薯不适宜直播；播前催芽可以淘汰病薯，幼芽发根也快，出苗早而整齐，发棵较早，结薯早，利于高产。因此，应先催芽后播种。春季催芽时，由于马铃薯休眠期已过，只需提高温度催芽即可，播前20天将种薯放在保温性好的温室内暖种处理，芽长约1厘米时，于播前1～2天切块。每千克种薯切50块左右，切块时，首先纵切，然后横切，要求切块大小均匀一致，每块都有1～2个芽，每块重量以25克为宜。换块时切刀用酒精或高锰酸钾水溶液消毒。切口离芽眼要近，可刺激早发芽，有利于早出苗。15克左右的小薯，在脐部用刀削一下即可。切好的薯块应先用水冲洗几次，再用50％多菌灵500倍液加1 000倍硫酸链霉素浸种15分钟，然后2小时内捞出晾干催芽。

（1）室内催芽　播前30天，将种薯放到温度15 ～ 18℃的室内处理10 ～ 15 天。种薯开始发芽时切块，按1 ∶ 1比例与湿沙（湿土）混合均匀，摊成宽1米、厚30厘米的催芽床，上面及四周用湿沙（湿土）覆盖7 ～ 8厘米厚。待芽长至1 ～ 2 厘米时扒出，放在散射光下晾种（保持15℃低温），芽变绿、变粗壮后即可播种。

（2）室外催芽　选择背风向阳处，挖宽1 米、深50 厘米的催芽沟，按室内催芽方法将切块摆放在沟内催芽，沟上搭小拱棚以提高温度，在播种前20天左右，将切好浸过的薯块埋入湿润的沙土内催芽，待芽长至2厘米时，即可播种。

2.播种　马铃薯地膜覆盖栽培一般在2月下旬到3月初播种。先使用开沟器，在地膜上开1个孔，然后将马铃薯薯块放到定植孔中，确保芽眼向上，播种深度控制在5 ～ 8厘米。播种结束之后，在上方覆盖一层湿润的细土。垄面宽50 ～ 60厘米，采用双行播种模式，株距控制在25 ～ 30厘米。垄面宽20 ～ 30厘米，采用单行播种模式，每亩播种3 000 ～ 3 500穴。

（二）温度管理

应把薯块形成期安排在适于块茎形成、膨大的季节，平均气温不超过23℃，日照时数不超过14小时，有适量降雨。马铃薯春播出苗时要避免霜冻，一般根据当地终霜日前推20 ～ 30天为适播期。催芽温度保持在15 ～ 18℃，最高不超过20℃。10厘米深土壤温度为7 ～ 8℃时播种，播种后温度控制在15 ～ 20℃。

（三）水分管理

沙子要保持一定的湿度，以手握不成团为标准。

出苗后马铃薯的抗旱能力较强，一般来说苗高在5厘米以下无需灌溉，以利于蹲苗，避免植株徒长，特殊干旱时节可以适当浇水。结薯期开始浇水，一般在初花、盛花、终花3个阶段分别浇水1次，避免大水漫灌，保持地面湿润。开花结束时可以适当控水，保证均匀浇水，主要采用小水勤灌方法，以免土壤板结，促进块茎生长。当遇到大雨天气时，还应做好排水工作，且在收获前10～15天禁止灌溉。

（四）中耕

萌芽期不旱不浇水，浅中耕1～2次；幼苗期浇水后及时中耕。

为了加快根系生长速度，膨大块茎，应进行中耕松土，保证结薯层土壤疏松透气。出苗前土壤板结时，应进行松土，齐苗后进行第一次中耕松土，深度保持8～10厘米，并进行全面除草。第一次中耕松土10～15天后，进行第二次中耕，深度比上次稍浅。现蕾时进行第三次中耕松土，比第二次的深度更浅，必要时进行厚度小于10厘米的培土，增厚结薯层，避免薯块外露。

五、秋葵育苗技术

（一）类型与品种

秋葵分为矮生型和高大型两类。矮生型品种株高一般在1米左右，其开花节位较低。而高大型品种长势强，株高可达2.0～2.5米，生长期长，产量较高。

（二）播种时期

只有当土壤温度稳定在12℃以上时，秋葵才能播种。在我国南方，春、夏、秋季均可栽培。春播在3月下旬至4月上旬（清明前后），夏播在6月上旬（芒种前后），秋季栽培则应在8月上旬（立秋前后）。北方地区在春、夏季种植，栽培季节安排在终霜以后。如采用露地直播，播种时期在4月下旬至6月上旬。如采用育苗移栽的办法，播种时期在3月中下旬。

（三）育苗

1.浸种和催芽 秋葵种子种皮较硬，可阻止种子吸水，影响发芽，播种前可将种子在45℃水中浸泡1～2小时，然后转入25～30℃水中浸泡24小时，之后将种子捞出，用纱布包好，在25～30℃下催芽。催芽过程中需注意经常翻动种子和保持湿润，经4～5天即可出芽。

2.播种 播种前在育苗床内铺入8～10厘米厚的营养土。营养土按菜园土：有机肥为1∶1的比例配制。将育苗床整平耙细后浇透水，待水下渗后，在床面撒上1层厚约1厘米的过筛细土。然后将催好芽的种子按株行距均为10厘米的密度点播，再覆土2厘米厚。播种后应注意保持床土温度在25℃左右，经4～5天即可出芽。

3.育苗管理

（1）温度管理 秋葵在气候温暖、光照充足的环境下才能良好生长，耐热力强，不耐霜冻。种子发芽的适宜温度为30℃，低于12℃则发芽迟缓。冷湿土壤中种子难以出芽或出芽缓慢。开花结果期所要求的温度范围为18～35℃，以25～30℃最为适宜。

（2）光照管理 秋葵喜强光照，植株开花后，如遇阴雨连绵则植株易徒长，造成落花落蕾，结实稀少。田间密度过大，相互遮阴，也会造成生长不良等。

（3）水肥管理 育苗期间为防止地温降低，应尽量减少浇水或不浇水，补充复合肥料2次。定植前1周进行通风锻炼，培养壮苗。

4.定植 秋葵播种后经30～35天，当幼苗长至2～3片真叶，在终霜期后即可定植到田间。定植前，将栽培地块施肥整细后做成宽为1米的畦，然后按行株距均为33厘米的密度定植。定植前1天，育苗床先浇透水，利于在起苗时切成较大土坨，保护幼苗根系，减少伤根。定植后立即浇水，以防止幼苗萎蔫或缓苗困难。

06 | 第六部分 PART SIX
成苗后管理及贮运技术

一、成苗后管理

（一）分苗

蔬菜分苗是指在育苗过程中，为了减少苗期占用大田的时间，防止拥挤，培育大苗，将秧苗分栽在较大的苗床。通过分苗可进行选优，使秧苗生长整齐。

1.分苗前的管理 一般分苗时间控制在幼苗长至2片真叶或3～4片真叶。若苗龄过大，会影响花芽分化。分苗前3～5天，苗床要降温，控制水分，锻炼秧苗。分苗前半天应对苗床浇水，以利于挖苗和苗根带土（图6-1）。

图6-1 分苗前的管理（浇水）

2.分苗及分苗后的管理 挖苗时用小铁铲，要求离幼苗根部1～2厘米。挖苗后用手轻轻去除根部带的部分土，然后将苗放在盆里或篮子里。取苗避免伤到子叶和茎。幼苗挖起后立即排苗，尤其要防止根部被太阳晒干或被风吹干。分苗时最好将大小苗分开，剔除病苗、虫伤苗、无头苗。一般辣椒分苗时苗距7～8厘米，茄子分苗时苗距8～9厘米。用营养钵育苗时，其直径多为10厘米，钵间用土充实，提高保湿、保温效果，有利于培育壮苗。分苗后浅栽，一般以子叶出土1～2厘米为标准，要把根部土培紧，并及时浇足定根水。若上午无法全部栽完，可将苗集中在一起用土围住，并用遮盖物遮盖，防止秧苗失水萎蔫，下午要及时栽完（图6-2）。

大田秧苗的分苗灌水方法包括两种：暗水分苗和明水分苗。暗水分苗时按行距的要求，在分苗床中开小沟，往沟中浇水，随水按株距摆苗，水下渗后覆土封沟，同时开出第二个沟，这种方法一般在温度较低时使用；明水分苗是在全苗床中按株行距挖坑栽苗，全

图6-2 番茄分苗后的管理

床栽完后再按床浇水，不可大水漫灌，适量即可，这种方法较为简便，多在后期气温高时应用。分苗时要随时遮阴，以防强光照射及风吹使苗萎蔫。要做到边挖苗，边扎小拱棚排苗盖膜，以防中午高温使秧苗萎蔫。分苗时尽可能集中劳力和时间排苗，以利于幼苗健壮生长和管理。分苗后，幼苗会出现短暂性萎蔫，这时可浇1遍小水，利于生根缓苗。气温高时，可采取短时间遮光办法，降低气温，减少水分蒸发，促进缓苗，早发新根。一般2～3天即可缓苗。

（二）壮苗及壮苗标准

蔬菜壮苗移栽成活率高，是蔬菜早熟、丰产的重要物质基础。因此，蔬菜秧苗定植前要保证秧苗达到壮苗标准。

壮苗的植株形态特征有生长健壮，高度适中，茎粗壮，节间较短，叶片较大而肥厚，叶色正常，子叶和叶片都不过早脱落或变黄，根系发育良好，须根发达，新生白根多，植株生长整齐，无病害等。

根据蔬菜品种和定植时间，壮苗标准不尽相同（图6-3），一般春季栽培需要大苗定植，易成活，夏、秋季定植宜选小苗，根系活性好，易缓苗。部分果类蔬菜定植时的壮苗标准如下。

黄瓜壮苗标准应为叶3～4片，叶片厚、色深，茎粗，节间

短，苗高10厘米以下，子叶完好。番茄壮苗标准应为真叶6～8片，叶色绿，带花蕾而未开放，茎粗0.5厘米，苗高20厘米以下。辣椒壮苗标准应为叶8～10片，叶片大而厚，叶色浓绿，茎粗0.4～0.5厘米，苗高15～20厘米。茄子壮苗标准应为叶5～6片，叶色浓绿，叶片肥厚，茎粗节短，根系发达而完整，苗高15厘米左右。菜豆、豇豆壮苗标准应为真叶1～2片，叶片大，颜色深绿，茎粗，节间短，苗高5～8厘米。甘蓝、花椰菜壮苗标准应为叶丛紧凑，节间短，叶5～7片，叶色深绿，根系发达。

图6-3 壮苗状态

A.番茄壮苗 B.黄瓜壮苗 C.辣椒壮苗 D.嫁接茄子壮苗

二、贮运技术

（一）贮运前准备工作

1.贮运前做好计划 提前了解天气，天气好时进行运输可减少损失。如运输路途较远，必须对秧苗用保鲜药剂进行处理，防止水分过度蒸发及根系活力减退，增强缓苗力。

2.包装与运输工具 运输时，可带盘运输（穴盘育苗），也可不带盘运输。前者运输量较小，但对根系保护较好；后者应密集排列，防止因基质散落而造成根系散落。运输秧苗的容器有纸箱、木箱、塑料箱等，依据运输距离选择不同的包装容器（图6-4）。远距离运输时，每箱装苗不宜太满，装车时既要充分利用空间，又要留有一定空隙，防止秧苗受热而受到损坏。

图6-4 黄瓜苗装箱运输

A.脱盘装箱 B.带盘装箱 C.装箱后封闭

秧苗运输对温度及通风等都有一定要求，最好选择保温厢式货车运输（图6-5）。如选择大卡车运输，需加盖覆盖物，注意保温防风（图6-5）。

图6-5 保温车运输

（二）秧苗贮运环境条件

1.秧苗防冻 我国北方地区，冬季异地育苗远途运输的首要问题是防止秧苗受冻。主要可采取以下措施。

（1）炼苗 在秧苗运输前3～5天逐渐降温锻炼，叶菜类可降至10℃左右，夜晚最低可降至7～8℃，并适当控制灌水量，不可过度浇水。

（2）喷施植物低温保持剂 运输前喷施2～3次1%低温保持剂。

（3）保温包装 冬季贮运不要采用穴盘包装方法，应采用脱盘包装，并在包装箱四周加塑料薄膜或其他保温材料。

（4）做好覆盖保温 装箱后在顶部和四周用棉被覆盖保温，并用绳子固定。

2.秧苗防伤热 夏季高温运输秧苗，应采取措施防止秧苗伤热。

（1）避免高温装箱 宜在清晨或傍晚装车。

（2）喷施秧苗保鲜剂 在秧苗运输前1天，按规定浓度喷施，可获得较明显的保鲜效果，显著提高秧苗质量。

（3）增加秧苗包装箱内湿度 在运输时，可以通过装箱前浇水或喷水增加箱内空气湿度。如果大环境气温高而贮运工具无法控温，可采用根部微环境的保水处理措施（如在根系水分较好时用保湿材料包裹根系等）。

（4）夜晚运输 夜晚温度低，在保证安全的前提下提倡夜晚运输。

3.防止秧苗风干 运输中由于风大，水分的蒸散量大，因此需采取措施防止秧苗失水萎蔫。

（1）应用保水剂

（2）育苗期喷施植物生长调节剂　根据育苗要求，适当喷施矮壮素或多效唑等生长调节剂，促使秧苗矮壮，减少水分损失。

（3）应用抗蒸腾剂　如喷施黄腐酸。

（4）防风　需采用车厢整体覆盖的方法，尽量减少车厢内的空气流动。可在包装箱增加一定量的通气孔，箱与箱之间留有空隙，防止秧苗风干或伤热。

（三）不同种蔬菜秧苗的贮运环境条件

1.贮藏

（1）黄瓜秧苗贮藏环境条件　黄瓜秧苗贮藏时间不宜超过6天（以0～4天为宜）。短期贮藏（0～2天）时，贮藏温度控制在22℃，空气湿度控制在50%～55%，基质相对含水量控制在64%～66%；长期贮藏（3～6天）时，贮藏温度控制在12～14℃，空气湿度控制在50%～55%，基质相对含水量控制在64%～66%。

（2）番茄秧苗贮藏环境条件　番茄秧苗贮藏时间不宜超过6天（以0～4天为宜）。短期贮藏（0～2天）时，贮藏温度控制在15～17℃，空气湿度控制在50%～55%，基质相对含水量控制在64%～66%；长期贮藏（3～6天）时，贮藏温度控制在15～17℃，空气湿度控制在50%～55%，基质相对含水量控制在64%～66%。

（3）辣椒秧苗贮藏环境条件　辣椒秧苗贮藏时间不宜超过6天（以0～4天为宜）。短期贮藏（0～2天）时，贮藏温度控制在20℃，空气湿度控制在50%～55%，基质相对含水量控制在64%～66%；长期贮藏（3～6天）时，贮藏温度控制在11～12℃，空气湿度控制在50%～55%，基质相对含水量控制在64%～66%。

（4）花椰菜秧苗贮藏环境条件　花椰菜秧苗贮藏时间不宜超

过6天（建议以0～4天为宜）。短期贮藏（0～2天）时，贮藏温度控制在16℃，光照时间为每天12小时，空气湿度控制在50%，基质相对含水量控制在64%；长期贮藏（3～6天）时，贮藏温度控制在9～11℃，光照时间为每天12小时，空气湿度控制在40%，基质相对含水量控制在58%左右。

（5）**甘蓝秧苗贮藏环境条件** 甘蓝秧苗贮藏时间不宜超过6天（以0～4天为宜）。短期贮藏（0～2天）时，贮藏温度控制在10℃，黑暗条件下通过在贮藏前1天停止水分供应来抑制秧苗黄化徒长；长期贮藏（3～6天）时，温度控制在9℃，每天5小时光照。

2.运输 秧苗的运输方式一般有两种，一种是脱盘装箱运输，另一种是带穴盘运输。脱盘运输要求为大龄苗，秧苗要用地膜包裹，防止在运输途中失墒跑水影响成活。带穴盘运输时运输车需要有车棚，冬季还要安装保温设施，内设苗盘架，防止互相挤压，有利于长途运输。

（1）**黄瓜秧苗运输环境条件** 黄瓜秧苗运输（图6-6）时间不宜超过6天（以0～4天为宜），装箱方式包括带盘和脱盘（将商品苗从穴盘或培养钵中带基质取出，基质向两侧横放于运输箱内）两种。短期运输（0～2天）时，运输温度保持在16～22℃（建

图6-6 黄瓜嫁接苗运输

议保持在18℃），空气湿度50%，基质相对含水量64%。带盘运输更有利于保证秧苗质量，且能保证秧苗定植后较快恢复生长，但为了提高单位体积运输量，降低运输成本，同时保证秧苗定植后能较快恢复生长，也可采用脱盘横放的装箱方式进行运输。长期运输（3～6天）时，运输温度保持在12～14℃，空气湿度控制在50%，基质相对含水量64%。

（2）**番茄秧苗运输环境条件**　番茄秧苗运输时间不宜超过6天（以0～4天为宜），装箱方式包括带盘和脱盘两种。短期运输（0～2天）时，建议采用12℃带盘运输，空气湿度控制在50%～55%，基质相对含水量控制在64%～66%。长期运输时，采用18℃脱盘运输，空气湿度控制在50%～55%，基质相对含水量控制在64%～66%（图6-7）。

A　　　　　　　　　　　B

图6-7　番茄商品苗运输
A.带盘装箱　B.脱盘装箱

（3）**花椰菜秧苗运输环境条件**　运输温度为12～16℃，运输时间在6天以内，带盘运输更有利于保证秧苗质量，同时保证秧苗定植后能较快恢复生长，但为了提高单位体积运输量，降低运输成本，也可采用脱盘装箱的方式进行运输，但要保证运输温度为12～14℃。脱盘装箱方式包括脱盘横放和脱盘竖放两种（图6-8）。具体脱盘形式需根据运输箱以及成本进行综合考虑。

　　（4）甘蓝秧苗运输环境条件　甘蓝秧苗运输时间不宜超过6天（以0～4天为宜）。短期运输（0～2天）时，运输温度控制在10℃，黑暗条件下通过在运输前1天停止水分供应来抑制秧苗黄化徒长；长期运输（3～6天）时，温度控制在9℃，每天5小时光照。

A　　　　　　　　　　　B

图6-8　花椰菜商品苗脱盘装箱
A.脱盘横放　B.脱盘竖放

第七部分
蔬菜育苗常见病虫害及防治技术

一、猝倒病

猝倒病是番茄、茄子、辣椒等茄果类蔬菜及黄瓜、西瓜（图7-1，图7-2）、甜瓜等瓜类蔬菜苗期常见的一种病害，菠菜、芹菜、白菜、甘蓝、萝卜、洋葱等蔬菜幼苗也会出现此病害，发病严重时，常会造成幼苗成片倒伏死亡。

图7-1　西瓜幼苗猝倒病症状

图7-2　西瓜猝倒病幼苗

（一）症状

在种子萌发后、幼苗尚未出土前发病时，会引起种子腐烂。苗期发病时，幼苗近地面处嫩茎出现淡褐色、不规则水渍斑，病部快速缢缩呈线状，幼苗地上部因失去支撑能力而倒伏地面，幼苗子叶常保持绿色。此病害发病迅速，湿度大时病部或土面会长出稀疏的白色棉絮状物，田间常成片发病。

（二）病原及危害规律

病原为腐霉属真菌，主要包括瓜果腐霉 *Pythium aphanidermatum* (Edson) Fitzpatrick、德巴利腐霉 *P. debaryanum* Hesse、刺腐霉 *P. spinosum* Sawada、终极腐霉 *P. ultimum*、德里腐霉 *P. deliense* Meurs 等。病原可长期存活在土壤中，并在土壤中越冬，或以菌丝体在病残体和腐殖质上过腐生生活。翌年春季，在适宜条件下产生孢子囊，并释放出游动孢子或直接生产芽管侵入寄主，造成幼苗发病猝倒。病原借助雨水和灌溉水进行传播，移栽等农事活动也会传播病原。

在幼苗第一片真叶出现前后最容易发病。土温低于16℃，播种过密，通风不良，地势低洼，光照不足，幼苗徒长均有利于发病；遇连续阴雨天也会引起猝倒病大发生。

（三）防治措施

1.种子处理 播种前，用55℃热水浸种10～20分钟，经催芽后采用营养盘或营养钵等方式育苗。经常发生猝倒病菜地，可用35%甲霜灵可湿性粉剂，按种子重量的0.2%～0.3%进行药剂拌种。

2.床土消毒 每平方米苗床用30%甲霜·噁霉灵1克，兑水配成1 500倍液喷洒苗床，然后再进行播种。亦可每平方米用70%敌磺钠可溶性粉剂或25%甲霜灵可湿性粉剂或50%福美双可湿性粉剂8～10克，拌入10～20千克细土，播种时，1/3的量铺于苗床底部，2/3的量盖于种子上面。

3.田间管理 苗床应选在地势高、排水良好的地方。苗床要整平，床土松细。肥料要充分腐熟，并撒施均匀。苗床内温度应控制在20～30℃，低温保持在16℃以上。浇水不宜过多，并注意通风透气。出苗后尽量不浇水，切忌大水漫灌。

4.药剂防治 发现病苗立即拔除，并喷洒噁霜·锰锌可湿性粉剂500倍液，或72%霜脲·锰锌可湿性粉剂600倍液，或30%甲霜·噁霉灵水剂1 500倍液，每平方米苗床用配好的药液200～300毫升，每7～10天喷1次，连续喷施2次。

二、立枯病

立枯病是番茄、茄子、辣椒等茄果类蔬菜和黄瓜（图7-3，图7-4）等瓜类蔬菜苗期的一种主要病害，芹菜等绿叶类蔬菜和一些豆科、十字花科蔬菜苗期也时常发生此病害，一旦发生此病害，常会造成大量死苗，发病田块死株率达30%～40%，发病严重时可达80%。

图7-3 黄瓜幼苗立枯病症状　　图7-4 黄瓜立枯病幼苗基部

（一）症状

从刚出土的幼苗到大苗均能受害，一般多发于育苗的中后期。病苗基部常会出现椭圆形或不规则形暗褐色病斑，初期病苗白天萎蔫，夜晚恢复，严重时病斑凹陷扩展，绕茎一周，导致茎基部干缩，地上部茎叶萎蔫干枯，整株死亡，立而不倒。湿度大时，病部产生淡褐色丝状霉层。

（二）病原及危害规律

病原为茄丝核菌 *Rhizoctonia solani* Kühn，属半知菌亚门真菌。

病原以菌丝体或菌核在土壤或病残体中越冬。病原菌菌丝能够直接侵入寄主，也会通过雨水、流水、农具以及堆肥传播。

病菌发育的适温为17～28℃，气温在24℃左右发病严重。温暖多湿、播种过密、浇水过多、间苗不及时、施用未腐熟肥料均有利于发病。

（三）防治措施

1.种子处理　用种子重量0.2%～0.4%的50%福美双可湿性粉剂或50%多菌灵可湿性粉剂或30%多·福可湿性粉剂拌种。

2.土壤处理　每平方米用10～15克30%多·福可湿性粉剂或50%福美双可湿性粉剂与15～20千克细土拌匀，播种时，1/3的量铺于苗床底部，2/3的量盖于种子上面。

3.田间管理　用新基质育苗。注意提高地温，注意合理通风，避免苗床或育苗盘出现高湿高温的情况。苗期适当喷洒0.1%～0.2%磷酸二氢钾，可增强抗病能力。

4.药剂防治　发病初期可喷洒5%井冈霉素水剂1 500倍液，或70%甲基硫菌灵600～800倍液，或30%甲霜·噁霉灵水剂400～600倍液，每7～10天喷1次，酌情喷施2～3次。

三、炭疽病

炭疽病是黄瓜、西瓜、苦瓜、冬瓜（图7-5）等瓜类蔬菜保护地栽培中的一种重要病害，幼苗至成株均可染病，对瓜类蔬菜的生产有较大影响。茄果类蔬菜、绿叶类蔬菜和一些豆科、十字花科蔬菜也会出现此病害。

图7-5　冬瓜炭疽病病叶

（一）症状

子叶受害时，先出现水渍状小点，后扩展成圆形或半圆形的褐色病斑，稍有凹陷，湿度低时病斑中心易破裂穿孔，湿度高时病斑处会出现淡红色黏稠物。发病严重时茎基部呈淡褐色，渐渐萎缩，造成幼苗折倒，最后整株死亡。

（二）病原及危害规律

病原是半知菌亚门炭疽菌属*Colletotrichum*的多种真菌。病原主要以菌丝或拟菌核在病残体上、种子上或棚架上越冬。在田间主要靠气流和水流传播。

高温高湿是该病害发生和流行的主要条件，相对湿度90%以上，气温在20 ～ 24℃易发病。通风不良，植株过密、长势弱易发病。

（三）防治措施

1.种子消毒 用50%多菌灵可湿性粉剂500倍液浸种30分钟，或50%代森铵水剂300 ～ 500倍液浸种1小时，清水洗净后催芽。

2.田间管理 加强棚室内温湿度管理，下午和晚上适当通风排湿，湿度保持在70%以下。

3.药剂防治 保护地栽培时，每亩用45%百菌清烟剂250克，均匀放置在棚室内，于傍晚点燃烟熏，可预防此病害发生。发病初期可喷洒25%嘧菌酯悬浮剂1 500倍液，或80%代森锰锌可湿性粉剂500 ～ 800倍液，或50%甲基硫菌灵悬浮剂800倍液，或50%苯菌灵可湿性粉剂600倍液等，间隔7 ～ 10天，连续防治3 ～ 4次。

▎四、疫病

疫病是番茄（图7-6）、辣椒等茄果类蔬菜和黄瓜、苦瓜、丝瓜、南瓜、冬瓜等瓜类蔬菜的一种重要病害，苗期至成株均可发生。该病来势凶猛、蔓延迅速，如果防治不及时，常会造成菜苗大面积死亡，甚至毁种。

图7-6　番茄疫病病茎

（一）症状

可危害植株的各个部位，尤以茎基部发病最严重。苗期病苗基部出现暗绿色水渍状病斑，后变软缢缩，呈丝线状，造成植株倒伏。

（二）病原及危害规律

病原为致病疫霉 *Phytophthora infestans*（Montagne）de Bary、辣椒疫霉 *P. capsici* Leonian 等。病原以菌丝体、卵孢子或厚垣孢子在种子上、病残体上、土壤中越冬。在田间通过风、雨和灌溉水传播。

保护地栽培时，种植密度过大、通风不良易发病。遇到连续阴雨或湿度大，易发病重。地势低洼及重茬地发病严重。

（三）防治措施

1.**种子消毒**　用25%甲霜灵可湿性粉剂，按种子重量的0.3%拌种。

2.**田间管理**　育苗前高温闷棚。在育苗时，选用无病土或消毒后的土壤育苗。苗期控制浇水量，及时放风排湿。发现病株及时拔除，带出棚室集中销毁。

3.**药剂防治**　保护地栽培时，在定植前用25%甲霜灵可湿性粉剂750倍液喷施地面及棚室。发病初期可选用58%甲霜·锰锌可湿性粉剂500倍液，或62.5克/升氟菌·霜霉威悬浮剂400倍液，或80%烯酰吗啉水分散粒剂等喷雾，每7～10天防治1次，连续喷2～3次。

五、病毒病

病毒病是蔬菜生产中常见的一种病害，瓜类蔬菜（图7-7）、茄果类蔬菜（图7-8）、绿叶类蔬菜、块茎类蔬菜和一些豆科、十字花科蔬菜在整个生育期都可能发生病毒病。由于病毒病是蔬菜自身细胞内部感染病毒而引起的病症，与其他的真菌、细菌性病害不同，不能够通过外施农药进行完全有效治疗，只能在早期进行病毒预防。

图7-7　黄瓜病毒病病叶

图7-8　番茄病毒病病叶

（一）症状

1.花叶型　幼苗期，病叶出现不规则褪绿、黄绿相间或浓绿与淡绿相间的斑驳，植株生长无明显异常。

2.黄化型　幼苗病叶褪绿，呈黄色，严重时植株矮化并伴有明显的落叶。

3.坏死型　苗期植株顶端幼嫩部分变褐坏死，而其余部分症状不明显；在叶片上常呈现坏死斑、坏死环和坏死脉。

4.畸形　表现为病叶增厚、变小或呈蕨叶状，叶面皱缩，植株节间缩短，矮化，枝叶簇生。

（二）病原及危害规律

不同种类蔬菜会被黄瓜花叶病毒 *Cucumber mosaic virus* （CMV）、烟草花叶病毒 *Tobacco mosaic virus* （TMV）、马铃薯 Y 病毒 *Potato virus Y* （PVY）、南瓜花叶病毒 *Squash mosaic virus* （SqMV）、马铃薯 X 病毒 *Potato virus X* （PVX）、蚕豆萎蔫病毒 *Broad bean wilt virus* （BBWV）、番茄黄曲叶病毒 *Tomato yellow leaf curl virus* （TYLCV）等数十种病毒中的一种或多种病毒所侵染。病毒可在蔬菜以外的其他寄主上越冬，也可在蚜虫、飞虱、粉虱、叶蝉等媒介昆虫体内越冬。种子可携带病毒。在田间可通过粉虱、叶蝉、蚜虫等媒介昆虫传播，或通过植株相互摩擦传播，或通过农事操作、农机具及修剪工具等传播，也可通过带毒种子、带毒种苗远距离人为传播。

（三）防治措施

1.农业防治 ①选用无毒种子或无性繁殖材料。②在露地育苗和定植后扣膜前，预防蚜虫、飞虱、粉虱、叶蝉等媒介昆虫。③进行田间作业时，发现病株及时拔除并烧毁，接触过病株的手和工具都要消毒，注意防止病毒传播。④施足基肥，避免偏施氮肥，培育壮苗。

2.药剂防治 病毒病目前尚无理想的治疗药剂，发病初期可用20％吗胍·乙酸铜可湿性粉剂500倍液，或8％宁南霉素水剂800～1000倍液，或0.5％香菇多糖水剂300倍液等药剂喷雾，每7～10天喷1次，连续喷2～3次，可轻微抑制病毒病的发生和扩散。出苗前后及时防治蚜虫、飞虱、粉虱、叶蝉等媒介昆虫，防治方法参照本书后文吸汁类害虫防治方法。

六、茎基腐病

茎基腐病是茄果类蔬菜番茄（图7-9）、辣椒，瓜类蔬菜黄瓜

（图7-10）、西葫芦等苗期常见病害之一。设施蔬菜的发病率一般在10%～20%，严重时可达50%以上，造成缺苗断垄。

图7-9　番茄茎基腐病病苗

图7-10　黄瓜茎基腐病病茎

（一）症状

主要危害即将定植的大苗和刚定植苗的茎基部。幼苗发病后，茎基部出现褐色凹陷病斑，后扩展至一圈变褐色，最后幼苗地上部分逐渐变黄萎蔫，最后枯死，根部及根系一般不腐烂，植株不倒伏。

（二）病原及危害规律

病原为茄丝核菌 *Rhizoctonia solani* Kühn，属半知菌亚门真菌。病原以菌丝体或菌核在土壤和病残体中越冬。菌丝能够直接侵入寄主，通过雨水、流水、农具以及堆肥传播。

病原菌发育的适温为17～28℃，气温在24℃左右发病严重。温暖多湿、播种过密、通风透光不良、浇水过多、茎基部皮层受伤、施用未腐熟肥料均有利于发病。

（三）防治措施

1.种子消毒　种子在清水中浸泡3～4小时后，移入0.3%～0.5%硫酸铜溶液中浸泡5分钟，捞出后用清水冲洗干净，可催芽播种。

2.田间管理 科学育苗，加强苗床管理。种植不可过密，雨后及时排出积水，加强通风。及时清除田间病残体和杂草。深翻土壤，做好土壤消毒。

3.药剂防治 移栽前用3‰噁霉·甲霜灵水剂400倍液灌根后分苗定植。幼苗发病初期可喷洒75%百菌清可湿性粉剂600倍液，或50%福美双可湿性粉剂500倍液，每7～10天喷1次，连续喷2～3次。定植后发病，可用50%福美双可湿性粉剂600倍液喷洒茎基部。棚室中可采用45%百菌清烟剂或10%腐霉利烟剂进行熏蒸。

七、霜霉病

霜霉病（图7-11）是保护地蔬菜栽培中发生最普遍、危害最严重的病害之一。一般流行年份受害地块减产20%～30%，重流行时减产可达到50%以上。此病害传播快，如果防治不及时，可能会给蔬菜生产造成严重损失。

图7-11　生菜霜霉病病苗

（一）症状

苗期和成株期均可发病，主要危害叶片，老叶发病重。发病初期，病叶出现水浸状小斑，病斑逐渐扩大，受叶脉限制，呈多角形淡褐色病斑，潮湿时叶背面会长出灰黑色霉层。后期病斑易连成片，造成叶缘卷缩干枯。

（二）病原及危害规律

病原为古巴假霜霉*Pseudoperonospora cubensis*（Berkeley et Curtis）Rostov，属鞭毛菌亚门真菌。病原在保护地内越冬，通过气流和雨水传播。在北方，病原从温室传到大棚，又传到春季露地黄瓜上，再传到秋季露地黄瓜上，最后又传回温室黄瓜。

病害在田间发生的适宜温度为20 ～ 24℃，低于15℃或高于28℃不利于发病。相对湿度在80%以上，温室大棚通风不良，有利于病害发生。地势低洼，土壤质地差，肥料不足，种植过密，浇水过多都能加重病害发生。

（三）防治措施

1.种子消毒 用70%的代森锰锌可湿性粉剂1 000倍液浸种10 ～ 20分钟，捞出后用清水洗净播种。

2.田间管理 采用无菌基质育苗，培育壮苗。发现病株及时拔除。选择地势高、排水良好地块。苗期尽量减少浇水次数，降低保护地内空气湿度。温室采用滴灌或膜下沟灌。

3.药剂防治 苗期发病初期，应及时防治，可选用80%代森锰锌可湿性粉剂200倍液，或25%吡唑醚菌酯乳油1 000 ～ 2 000倍液，或50%烯酰吗啉可湿性粉剂2 000倍液等喷雾，每7 ～ 10天喷1次，连续喷3次。保护地栽培时，每亩用45%百菌清烟剂250克，均匀放在垄沟内，点燃烟熏。

八、吸汁类害虫

吸汁类害虫是指口器为刺吸式或锉吸式的一些害虫，是蔬菜苗期常见的一类害虫，主要危害蔬菜的嫩芽、嫩叶等幼嫩组织，不仅会造成减产，还会影响蔬菜的品质，降低商品价值。

（一）危害症状

吸汁类害虫主要吸食寄主植物叶片的汁液。植株受害时，被害叶片上会出现褪绿斑，卷缩变形，严重时整个叶片发黄、皱缩，甚至整株枯死。蚜虫、粉虱这类害虫繁殖能力强，繁殖速度快，在危害蔬菜的同时还会分泌大量蜜露，严重污染叶片，易引起煤烟病。吸汁类害虫多为媒介昆虫，能传播病毒病，造成的损失远远大于害虫的直接危害。

（二）常见种类及特征

1.黄蓟马 *Thrips flavus* Schrank（图7-12，图7-13） 又称瓜亮蓟马，属缨翅目，蓟马科。成虫体细长，长0.9～1.1毫米，全体黄色。

2.朱砂叶螨 *Tetranychus cinnabarinus*（Boisduval）（图7-14） 又称红蜘蛛，属真螨目，叶螨科。成螨体长0.4～0.5毫米，椭圆形。体背两侧具有一块三裂长条深褐色大斑。

3.二斑叶螨 *Tetranychus urticae*（Koch）（图7-15） 又称棉红蜘蛛、普通叶螨，属真螨目，叶螨科。成螨体长0.5毫米左右，体

图7-12　蓟马危害茄子

图7-13　蓟　马

图7-14　螨虫危害辣椒

图7-15　二斑叶螨

色多变，有浓绿、褐绿、黑褐、橙红等颜色，体背两侧各有一块黑长斑。

4. 烟粉虱 Bemisia tabaci（Gennadius） 属半翅目，同翅亚目，粉虱科。成虫体长0.8～0.9毫米，翅白色，腹部黄色，静止时两翅呈屋脊状，从上方可见黄色腹部。

5. 温室白粉虱 Trialeurodes vaporariorum（Westwood）（图7-16，图7-17） 属半翅目，同翅亚目，粉虱科。成虫体长1.0～1.4毫米，淡黄色至白色，静止时两翅合拢较平展。

图7-16　白粉虱危害番茄　　　　　　图7-17　白粉虱伪蛹

6. 棉蚜 Aphis gossypii Glover 又称瓜蚜，属半翅目，同翅亚目，蚜科。成虫体长1.2～1.9毫米，体色多变，黄色、浅绿色至绿色或深绿色。腹管黑褐色或褐色。

7. 桃蚜 Myzus persicae（Sulzer） 属半翅目，同翅亚目，蚜科。成虫体长1.2～2.3毫米，体色黄绿色、绿色、粉红色或红色。腹管细长，浅色，端部常暗色，不膨大。

8. 菜蚜 Lipaphis erysimi（Kaltenbach） 又称菜缢管蚜、萝卜蚜，属半翅目，同翅亚目，蚜科。成虫体长1.5～2.3毫米，体橄榄绿色，被薄白粉。腹管端部黑褐色。

9. 莴苣指管蚜 Uroleucon formosanum（Takahashi） 属半翅目，

同翅亚目，蚜科。体红色、红褐色至红紫色，体中部或有黑色横带，腹管黑色。

10.菜蝽 *Eurydema dominulus*（Scopoli） 又称花菜蝽、斑菜蝽，属半翅目，蝽科。成虫体长6～9毫米，宽3～5毫米，椭圆形。体橙黄色或橙红色，前胸背板橙红色，有6块黑斑，2个在前，4个在后。

（三）防治措施

1.农业防治 育苗房要和生产温室分开。育苗前高温闷棚或药剂熏蒸，彻底杀灭残余虫口，清除田间杂草和病残体，在通风口密封尼龙纱网，防止外来虫源进入。天气干旱时，适当保持湿度，不利于其后代的发育繁殖。

2.物理防治 可在育苗房内悬挂黄板、蓝板，诱杀有翅成虫，每亩设置30块左右。银灰色对蚜虫有驱避作用，用银灰色薄膜代替普通地膜，覆盖后定植幼苗或播种。

3.药剂防治 育苗前，育苗房、温室和大棚可用15%异丙威烟剂熏蒸。在苗期点片发生阶段，及时进行喷药防治，可选用10%吡虫啉可湿性粉剂1 500倍液，或25%溴氰菊酯3 000倍液，或1.8%阿维菌素乳油4 000倍液，或5%啶虫脒乳油2 000倍液，或2.5%联苯菊酯乳油3 000倍液，或2.5%氯氟氰菊酯乳油4 000倍液等药剂进行喷雾。每7～10天喷施1次，连续喷2～3次，药剂应轮换使用，能有效避免害虫产生抗药性。

4.天敌防治 常用天敌有异色瓢虫（图7-18，图7-19）、巴氏钝绥螨、小花蝽、丽蚜小蜂、烟盲蝽（图7-20）等，根据蚜虫、粉虱等害虫发生数量确定天敌的投放量。一般情况下，瓢虫每亩放置70～100个卵块或者500～1 000头成虫；

图7-18 异色瓢虫

图7-19　异色瓢虫若虫　　　　　　图7-20　烟盲蝽若虫

粉虱出现初期每亩投放丽蚜小蜂1 000头，如危害加剧，每亩增加到2 000 ~ 3 500头，每7 ~ 10天投放1次，连续投放4 ~ 5次；使用巴氏钝绥螨防治红蜘蛛时，每亩投放标准瓶2 ~ 3瓶，2周后再投放1次。

九、地下害虫

地下害虫主要在土壤表层或土壤中活动，危害各类蔬菜播下的种子、幼芽，或将幼苗近地面根茎咬断，造成严重减产，在全国各地时常发生。

（一）危害症状

地下害虫以咀嚼式口器取食各类蔬菜播下的种子、幼芽、无性繁殖材料，或将幼苗近地面根茎咬断，致使植株枯萎，最后整株幼苗死亡，造成缺苗断垄，严重时全田毁种。

（二）常见种类及特征

1.沟金针虫 *Pleonomus canaliculatus* Faldemann（图7-21）　又称叩头虫、叩头甲，属鞘翅目，叩甲科。老熟幼虫体长20 ~ 30毫米，细长筒形略扁，黄褐色，体壁光滑坚硬，具黄色细毛。

2.小地老虎 *Agrotis ypsilon*（Rottemberg）（图7-22）　又称土蚕、黑地蚕、切根虫等，属鳞翅目，夜蛾科。幼虫灰褐色至灰黑色，老熟幼虫体长37～47毫米，体表布满黑色圆形小突起。

3.**东方蝼蛄** *Gryllotalpa orientalis* Burmeister（图7-23） 又称拉拉蛄、土狗子、地狗子等，属直翅目，蝼蛄科。成虫体长30～35毫米，黄褐色，前足为开掘足，腹部近纺锤形。

图7-21 沟金针虫

图7-22 小地老虎幼虫

图7-23 东方蝼蛄

（三）防治措施

1.**农业防治** 地下害虫多在土中越冬，所以要在深秋或初冬深耕翻土，暴晒土壤，能杀灭部分害虫。春播前进行春耕细耙等，同时在苗期结合中耕松土，也可消灭部分害虫。在春季大田播种育苗时，适时早播，合理浇水，可减轻危害。

2.**物理防治** 利用害虫的趋光性、趋化性，进行黑光灯诱杀或糖醋液诱杀。

3.**药剂防治** 播前结合整地，用药剂处理土壤可防地下害虫，每亩用50％辛硫磷乳油250～300毫升加适量水和细土25～30千克拌匀，撒施地表后浅锄或浅耙使药剂均匀分散于耕作层，既能杀死地下害虫，又能兼治潜伏在土中的其他害虫。播种前，用40％辛硫磷乳油拌种，也可防治多种地下害虫。在作物苗期，可以用40％辛硫磷乳油800倍液灌根。当发现地下害虫危害时，要根据其特性，选择害虫抗药性差、且暴露在地面的时期进行喷药防治。药剂可选用2.5%溴氰菊酯乳油2 000倍液，或10%虫螨腈悬浮剂2 000倍液，或10%高效氟氯氰菊酯水乳剂2 500倍液等对植株和地面喷雾防治。每7～10天喷1次，连续喷2～3次。

十、食叶类害虫

食叶类害虫是蔬菜苗期常见的、种类最多的一类害虫，以成虫或幼虫直接取食幼苗叶片，对蔬菜叶部造成危害。由于绿叶类蔬菜和一些十字花科蔬菜主要是以植株叶片为收获产品，所以蔬菜苗期受害后，将严重影响蔬菜的产量及品质；另外，食叶类害虫也会危害苗期的其他种类蔬菜，造成不同程度的损失。

（一）危害症状

食叶类害虫在危害苗期蔬菜时，常以幼虫或成虫聚集在蔬菜嫩叶背面，利用其咀嚼式口器取食叶片，造成叶片缺刻、孔洞或仅留叶脉，对幼苗的嫩叶、嫩芽和嫩茎造成危害。

（二）常见种类及特征

1.黄守瓜*Aulacophora femoralis*　又称黄足黄守瓜、黄萤等，属鞘翅目，叶甲科。成虫体长约9毫米，长椭圆形，胸部及腹部腹面为黑色，其他部位都为黄色，前胸背板长方形。

2.马铃薯瓢虫*Henosepilachna vigintioctomaculata*（Motschulsky）　又称二十八星瓢虫，属鞘翅目，瓢虫科。成虫体长6～8毫米，体半球形，背部黄褐色至红褐色，密被黄褐色细毛，两鞘翅上各有14个黑斑，共28个斑点。

3.菜粉蝶*Pieris rapae*（图7-24）　又称菜白蝶、白粉蝶等，属鳞翅目，粉蝶科，幼虫称菜青虫。幼虫体青绿色，末龄幼虫体长28～35毫米，体圆筒形，中段较宽，背部有一条不明显的断续黄色纵线。

4.斜纹夜蛾 *Prodenia litura*（Fabricius）（图7-25）　又称莲纹夜蛾、夜盗蛾等，属鳞翅目，夜蛾科。幼虫体色变化大，从土黄色、黄褐色至黑绿色、黑褐色，有5条体背线，头后上方有排列呈四方形的4个小黑点。

图7-24　菜粉蝶幼虫危害状况　　　图7-25　斜纹夜蛾危害番茄状况

5.黄曲条跳甲 *Phyllotreta striolata*（Fabricius）（图7-26）　又称菜蚤子等，属鞘翅目，叶甲科。成虫体长1.8～2.4毫米，体黑色，一对鞘翅上各有一条淡黄色纵斑，后足发达，擅长跳跃。

图7-26　黄曲条跳甲危害萝卜苗状况

6.黄翅菜叶蜂 *Athalia rosae japonensis*（Rhower）　属膜翅目，叶蜂科。幼虫灰蓝色至黑绿色，末龄幼虫体长约15毫米，头部黑色多毛。

7.短额负蝗 Atractomorpha sinensis（Bolivar） 属直翅目，锥头蝗科。成虫头至翅端长30 ~ 48毫米，体绿色或褐色，头尖细，体表有浅黄色瘤状突起。

（三）防治措施

1.农业防治 及时摘除被害叶片及嫩梢，带出育苗室或育苗田后集中销毁。及时铲除田间、温室、大棚附近杂草，保持田间卫生，不给卵、幼虫、蛹生存空间。根据不同蔬菜的特点，适当减少连作，合理轮作、间作。

2.天敌防治 针对鳞翅目害虫可以释放螟黄赤眼蜂进行防治，每代释放2 ~ 3次，初次放蜂时害虫卵量不大，放蜂量可少些[0.5万~ 1.0万头/（亩·次）]，卵始盛期应加大放蜂量[1.5万~ 2.0万头/（亩·次）]。

3.药剂防治 在幼虫还未分散危害和孵化盛期进行防治，化学药剂可选用5%阿维菌素乳油2 000 ~ 3 000倍液，或2.5%高效氟氯氰菊酯水乳剂500 ~ 1 000倍液，或10%吡虫啉可湿性粉剂2 000倍液，或50%辛硫磷乳油1 000 ~ 1 500倍液，或5%氟啶脲乳油600 ~ 800倍液等进行喷雾。生物农药可选用每克含100亿孢子的杀螟杆菌粉剂800倍液，或每毫升含10亿孢子的斜纹夜蛾核型多角体病毒悬浮剂500倍液等喷雾防治。

08 | 第八部分
育苗智能化管理

随着设施蔬菜产业的发展，蔬菜育苗也由传统的床土育苗、营养钵育苗等方式向着集约化、工厂化育苗的方向发展。现代育苗技术采用机械化、智能化的技术措施和手段，将现代生物技术、环境调控技术、施肥灌溉技术，信息管理技术贯穿种苗生产全过程，实现育苗的规模化、高效化生产。

一、育苗智能化管理技术

蔬菜育苗过程包括基质成型、播种、催芽、苗期管理、嫁接等环节。在数字化智能种苗工厂生产时（图8-1），推广应用机械化、智能化装备可以大幅度降低劳动成本、提高生产效益，是实现设施育苗标准化生产的有效途径。近年来，精量播种、嫁接、水肥一体化、智能分级、智能运输等育苗环节的智能装备研发和推广进展迅速，育苗生产数字化、机械化水平有效提升。

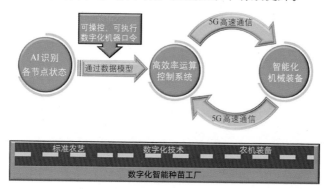

图8-1　数字化智能种苗工厂流程

1.**种子智能化处理技术** 种子消毒是工厂化育苗生产中预防病害的关键措施之一，应用种子智能化处理技术，采用计算机视觉技术对种子的种类、纯度、健康度等状态进行自动检验，采集种子图像并进行处理，提取特征参数，与种子参数数据库进行比对、分析、验算，最终确定种子消毒的方式和方法。其中，种子消毒最有效方式是温汤浸种（图8-2）和干热处理（图8-3），杀灭种子携带病原菌的效果显著。在智能化消毒中，应用全自动浸种机，通过智能识别种子种类，根据不同种子的浸种需求确定浸种温度，自动确定浸种时间，自动进行恒温浸种，根据设定时长自动持续搅拌，浸种结束后进行降温处理，同时自动混入杀菌剂，消毒结束后可进行自动冲洗、排出种子，自动完成浸种和消毒处理。

图8-2　温汤浸种　　　　　　图8-3　种子干热处理

2.**智能播种技术** 在播种环节，常用的方式有人工播种、普通穴盘播种机播种等，由于蔬菜种子粒径小，存在播种精度较差、效率较低的问题。应用智能全自动育苗播种机（图8-4），通过视觉识别等人工智能技术对播种质量进行检测，实现智能补种，降低空穴率、重播率，提高了播种的精准度，真正实现蔬菜种子的精量播种，极大程度减少了种子的浪费及后期管理程序，智能播种准确率可达99%以上。

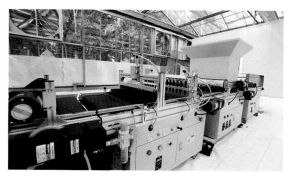

图8-4 全自动育苗播种机

3.**智能催芽技术** 催芽是蔬菜育苗的关键控制环节之一，种子的发芽情况关系着种苗的质量和数量，与未来作物的生长发育有直接关系。在催芽环节，种子经过控水干燥后，常用的处理方法是用透气性好的纱布进行包裹，此方式催芽所需的时间和催芽效果与外界环境的变化直接相关。为保证种子在最适环境条件下发芽，应用智能催芽室（图8-5），根据不同蔬菜种子的发芽需求，自动调节催芽室内的温度、湿度、光照强度、气体含量等，精准控制水肥灌溉，实现智能化催芽，提高种子发芽率和种苗质量。

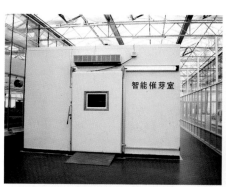

图8-5 智能催芽室

4.**自动嫁接技术** 目前，蔬菜种苗嫁接常用的方法有贴接法、劈接法、插接法等，嫁接工作主要依靠人工，嫁接苗的成活率与操作人员的嫁接水平直接挂钩。基于当前农业用工难、用工成本高的现状，熟练嫁接工日益短缺，种苗嫁接效率低，嫁接苗的质量参差不齐，同一批次的嫁接种苗的长势和健壮程度都很难保持一致，而嫁接苗的质量直接影响作物的后期发育，决定了蔬菜的产量和品质。

因此，为解决种苗嫁接成活率低、工作效率低、质量不均衡的问题，集成应用蔬菜智能嫁接机（图8-6），快速自动完成砧木和接穗的接合，工作效率高，嫁接苗优质、健壮，成活率可达90％以上，可满足育苗行业的市场需求，促进高效智能种苗嫁接技术的推广应用。

图8-6　蔬菜智能嫁接机

5.水肥一体化灌溉技术　通过采集育苗温室、苗床、种苗状态等多维度的种苗生长及环境数据，利用5G物联网传输并进行大数据分析；应用大数据、物联网及精准水肥控制技术，对种苗当前水肥需求进行综合判别和分析。应用智能化水肥一体控制系统（图8-7）及自动灌溉系统（图8-8），针对种苗不同生长时期的需求状态进行自动水肥管理，按需灌溉，节能增效。

图8-7　智能化水肥一体控制系统

图8-8　自动灌溉系统

6.**智能环控技术** 环境控制能力不足是影响工厂化育苗应用和推广的重要因素,目前大部分育苗工厂应用的农业物联网系统只有视频监控和环境数据监测功能,无法实现与相应负载设备的联动。应用智能环控技术,基于网络通信传输、远程监控、数据分析,实时获取温室环境和植物生长状态数据,通过种苗生长环境模型分析,自动控制负载设备运行,精准调控温室温度、湿度、光照强度、二氧化碳浓度等环境参数(图8-9,图8-10)。例如,通过温室智能传感器和小气象站实时采集设施内外的温、水、光、风力等数据,数据通过无线网络传输到物联网网关,再传送到智能控制器(兼具边缘计算功能),智能控制内外遮阳、湿帘风机、补光、空气循环等负载设备,从而在种苗不同生长时间提供最适的环境。

 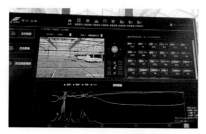

图8-9 温室数据收集 图8-10 温室智能环控系统

7.**种苗智能分级分拣技术** 育苗周期内一般要经过2～3次分拣合盘工作,工人需要对穴盘(穴孔)进行筛选定级,剔除掉劣苗,并对缺苗穴孔和剔除劣苗的穴孔进行补栽工作,以培育整齐一致的商品化壮苗。目前,现代育苗的分选、移栽工作通常依靠人工完成,需要耗费大量人力,分级标准不统一,很难实现工厂化育苗的经济性和效率性要求,因此自动化分选移栽技术是近年来重点发展的领域。在种苗培育及出厂时应用智能分级分拣技术(图8-11),集成机器视觉、可编程逻辑控制器(PLC)、机构学、图像识别等,自动采集穴盘种苗的图像数据,通过上位机程序处理,采用目标区域像素统计的方法,在种苗培育期,通过分析幼苗真叶数、苗龄、株高和长势一致性等生长状况信息，对种苗健康度进行分级，用机械手（图8-12）剔除弱苗和病苗，移栽环节设备主要包括移栽手爪和移栽定位机。移栽定位机驱动移栽手爪在不同穴孔之间移动；移栽手爪采用2～4组夹持针插入并夹持根部基质的方式对秧苗进行提取和移栽。在出厂发货时，通过对种苗智能检查验收，将符合标准的种苗移至发货区域，提高产品一致性，保证移栽质量。

图8-11　智能种苗分拣系统

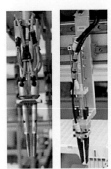

图8-12　分拣系统不同机械手形态

　　8.智能运输技术　目前，大多育苗工厂的运输作业还是以人工为主，耗时耗力。智能运输技术是应用棚内、棚间多种智能运输设备，包括智能运输车（图8-13），通过UWB定位、二维码寻址定位等多种技术，实现运输车智能规划路线、自动寻址运输，减少运输环节对人工的依赖，更加高效；苗床多功能运输车，通过多个伺服电机配合视觉和UWB导航定位系统，能够灵活地穿梭于苗床之间，行走平稳，承重能力强，并且预留多种接口，可以搭载各种智能设备协同作业；吊轨运输设备能有效减小地面运输压力，实现育苗工厂内物料的空中运输；智能物流苗床通过可编程逻辑控制器实现苗床的智能调度。通过5G+物联网通信，地上地下运输系统智能协同作业，实现种苗、物料等的智能运输（图8-14）。

图8-13　智能运输车

图8-14　智能运输系统

9.壮苗数字化评价技术　壮苗数字化评价技术包括蔬菜壮苗快速检测装置和壮苗实时评测系统，可实时鉴别秧苗质量，显著提高了苗期病害和壮苗的检测效率，为种苗的健康出圃提供保障。

（1）基于视觉图像的蔬菜壮苗快速检测装置　蔬菜壮苗快速检测装置（图8-15）实现了秧苗壮苗质量的实时鉴别，大幅提高壮苗检测效率，显著提高了番茄苗图像识别精度。能够快速获取种苗投影面积及叶片数、下胚轴长度、株高、茎粗、地上部鲜重等参数（图8-16），检测效率较传统手工测量提高了10倍以上，番茄苗叶面积、茎粗、鲜重等指标检测的相对误差分别控制在1%、5%和2%左右。

图8-15　壮苗检测装置

（2）蔬菜壮苗实时评测系统　蔬菜壮苗实时评测系统（图8-17）可通过输入秧苗特征参数快速判定壮苗质量，还可按生产时间段、作物品种、育苗场等信息进行分类统计，实现了区域化壮苗质量评价信息的大数据共享。

图8-16　视觉图像获取系统与主茎测量方法

图8-17　蔬菜壮苗评测系统界面

（3）**苗期病害快速诊断技术**　基于高通量分子检测技术的苗期病害快速诊断方法，如番茄早疫病 PCR 检测（图8-18）单批次检测数量达1 500株以上，对黄化曲叶病毒病、霜霉病、早疫病等病害检出准确率达100%，检测周期缩短了4～5天，创建了蔬菜种苗病害预警机制和健康种苗评价体系。

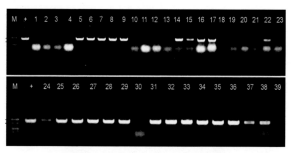

图8-18　番茄苗早疫病PCR检测

（4）**三维幼苗模型重建技术**　三维幼苗模型重建技术是采集每个秧苗多个视角 RGB 图像后，基于SFM算法进行三维重建（图8-19），得到精确且稠密的植株点云，在点云中可以清晰地看出叶片、茎秆等植株部位的具体位置和大小（图8-20），在进行尺寸校正后，可以自动化地输出叶片各个部位的表型数据，如叶长、叶宽、叶面积、株高、最大茎宽等；得到秧苗的三维表型特征后，将其和壮苗指数相结合做回归和判别分析，最后构建壮苗指数数字化模型。

数字化模型的建立，可以通过不同时期秧苗的各项三维指标来对壮苗指数进行预测，并通过预测结果指导后期的壮苗生产，及时完善水肥管理和环境调控，提高出圃时的壮苗率。

10.**虚拟仿真培训技术**　为克服传统育苗生长周期长、可参与性低的短板，利用VR体验设备（图8-21）对蔬菜育苗整个生命周期生长过程进行模拟，同时可增加多种交互体验模式，在进行蔬菜育苗技术及生产管理方法教学的同时，增加受训人员在育苗生产中的互动体验，更有助于提高培训质量，以培训专业农民及实用型人才。同时，为广泛推广育苗智能化管理技术，可利用3D、4D、AR、VR等现代数字技术用于技术宣传、智能设备展示、育苗场展示等，能够更加逼真、生动地展示技术和产品内容，能增强交互沉浸感，吸引力强，扩大智能化育苗工厂的社会影响力。

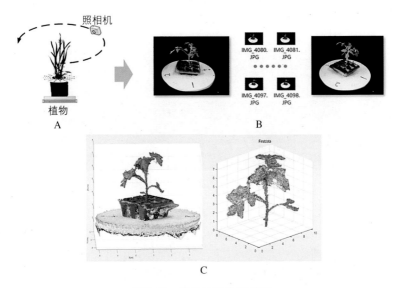

图8-19　幼苗三维重建过程
A.多视角环拍　B.多视角图像序列　C.三维重建与前处理

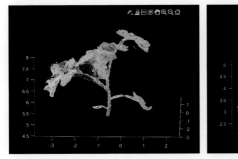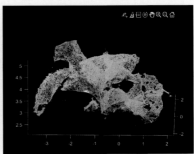

图8-20　幼苗三维重建结果展示

图8-21 VR体验设备

二、数字化智能种苗工厂的优势及问题

数字化智能种苗工厂的优势主要有3点：一是精准化生产，育苗工作效率高、质量稳定、成活率高；二是节省人工投入，用智能设备、软件管理等替代人工操作，用工成本低；三是工作环境舒适，可吸引更多人才投入农业行业，有助于农业可持续发展。

数字化智能种苗工厂在发展方面主要面临3个问题：一是前期投入大，建设数字化智能种苗工厂的投入是建设普通育苗场的3倍以上；二是急需构建数字种苗产业发展的生态系统；三是复合型人才缺乏，数字化智能种苗工厂横跨信息技术、机械自动化技术、农业技术等多个领域，急需既了解农业生产，又熟悉高新科技的多学科跨界人才。

展望

随着科技不断发展，借助高新科技赋能农业，使农事生产更加高效、集约化、现代化成为农业的新发展趋势，数字化、智能化将是未来发展的重点。通过设施内的环控设备不仅可以实时监控种苗的生长环境，还可以结合种苗的生长、生理状态进行分析，通过数据驱动生产决策。另外，借助高效的互联网技术，数据上传到云端，可以做到对种苗的远程监控。环境传感器不仅能实时监控育苗设施内的情况，还可以将设施内种苗的生产情况和状态录入计算机，实现数字化。通过积累大量的生产及环境数据，借助编程、建模等技术手段，可以实现整个生长季产量的预测，甚至自动进行生产决策。

随着设施农业技术的发展，大规模的生产基地、连栋玻璃温室以及植物工厂逐渐兴起，对高品质种苗的需求也在逐渐增加。未来育苗产业将向着精细化、专业化方向发展。在实际生产中发现，玻璃温室和塑料大棚及日光温室对种苗的需求不同。目前育苗工厂的种苗主要面向传统温室生产的需求，对玻璃温室、植物工厂这些在国内较新兴的温室缺少专业化和标准化的生产流程及标准。随着国家开始大力支持高新科技温室产业的发展，玻璃温室对专业化种苗的需求将进一步增加。生产上对种苗的需求将更加多元化并专业化。

参考文献

曹玲玲, 2019. 蔬菜集约化育苗技术图册 [M]. 北京：中国农业科学技术出版社.

封洪强、李卫华、刘玉霞, 等, 2016. 蔬菜病虫草害原色图解 [M]. 北京：中国农业科学技术出版社.

高丽红, 别之龙, 2017. 无土栽培学 [M]. 北京：中国农业大学出版社.

湖南省蔬菜产业技术体系, 2020. 茄子、番茄如何嫁接育苗 [J]. 湖南农业 (6): 12.

季维维、郭三红、吴中波, 等, 2020. 夏季番茄工厂化育苗技术 [J]. 上海蔬菜 (3): 36-37, 47.

贾思勰, 2015. 齐民要术 [M]. 石声汉, 译注, 石定枎, 谭光万, 补注. 北京：中华书局.

李平、邵阳、黄婷婷, 2020. 番茄嫁接育苗关键技术研究 [J]. 南方农机, 51(20): 51, 82.

刘明池、季延海、武占会, 等, 2018. 我国蔬菜育苗产业现状与发展趋势 [J]. 中国蔬菜 (11): 1-7.

龙星、朱明、张跃峰, 等, 2014. 工厂化育苗催芽室的研究与设计 [J]. 广东农业科学, 41(11): 185-189.

潘小兵、田永强、李娟起, 等, 2015. 不同贮藏温度对青花菜穴盘苗质量的影响 [J]. 中国蔬菜 (5): 23-27.

邱华, 2020. 北方地区设施番茄穴盘育苗技术 [J]. 农业工程技术, 40(14): 34.

尚巧霞、贾月慧、闫哲, 2020. 生菜施肥技术与病虫害防治 [M]. 北京：中国农业出版社.

孙茜、潘阳, 2016. 辣（甜）椒疑难杂症图片对照诊断与处方 [M]. 2 版. 北京：中国农业出版社.

王伟伟，马俊贵，2014. 设施温室补光灯的应用 [J]. 农业工程，4(6): 47-50.

薛萍，2020. 北京地区穴盘育苗产业调研及水肥管理关键技术研究 [D]. 邯郸：河北工程大学.

杨昌敏，易文裕，邱云桥，等，2022. 育苗精量播种机研究现状及发展分析 [J]. 中国农机化学报，43(4): 183-188.

于亚波，伍萍辉，冯青春，等，2017. 我国蔬菜育苗装备研究应用现状及发展对策 [J]. 农机化研究，39(6): 1-6.

张平真，2013. 北京地区蔬菜行业发展史 [M]. 北京：中国农业出版社.

赵立群，田雅楠，曹玲玲，等，2021. 北京、河北、山东黄瓜穴盘商品苗壮苗指数及霜霉病快速抽样检测研究 [J]. 中国农学通报，37(19): 47-51.

赵义平，刘爱华，2017. 蔬菜工厂化育苗技术 [M]. 沈阳：辽宁科学技术出版社.

周长吉，2010. 现代温室工程 [M]. 2 版. 北京：化学工业出版社.

周昕，2019. 温室穴盘育苗智能分选-移栽-补栽一体机设计与试验 [D]. 镇江：江苏大学.

图书在版编目（CIP）数据

图解蔬菜育苗一本通/曹玲玲主编. —北京：中国农业出版社，2023.4
ISBN 978-7-109-30590-8

Ⅰ.①图…　Ⅱ.①曹…　Ⅲ.①蔬菜－育苗－图解　Ⅳ.①S630.4-64

中国国家版本馆CIP数据核字（2023）第060486号

中国农业出版社出版

地址：北京市朝阳区麦子店街18号楼
邮编：100125
责任编辑：李　瑜　黄　宇　　文字编辑：李瑞婷
版式设计：王　晨　　责任校对：赵　硕　　责任印制：王　宏
印刷：中农印务有限公司
版次：2023年4月第1版
印次：2023年4月北京第1次印刷
发行：新华书店北京发行所
开本：880mm×1230mm　1/32
印张：6
字数：167千字
定价：38.00元